基础刀工

JICHU DAOGONG RUMEN

入门

犀文图书 编著

中国纺织出版社

图书在版编目（ＣＩＰ）数据

基础刀工入门 / 犀文图书编著. —北京：中国纺织出
版社，2012.1 （2023.8重印）
ISBN 978-7-5064-7793-2

I. ①基··· II. ①犀··· III. ①烹饪-原料-加工
IV. ①TS972.111

中国版本图书馆CIP数据核字(2011)第163387号

责任编辑：卢志林　　　　　　责任印制：王艳丽

中国纺织出版社出版发行
地址：北京市朝阳区百子湾东里A407号楼　　邮政编码：100124
销售电话：010－67004422　　传真：010－87155801
http://www.c-texilep.com
E-mail: faxing@c-textilep.com
中国纺织出版社天猫旗舰店
官方微博：http://weibo.com/2119887771
天津千鹤文化传播有限公司印刷　　　各地新华书店经销
2012年1月第1版　　2023年8月第15次印刷
开本：889×1194　1/16　印张：10
字数：120千字　　定价：58.00 元

前 言
PREFACE

中国的美味佳肴驰名世界，素有"烹饪王国"之称。刀工是烹饪的基础，其技术的优劣，直接影响着菜肴的色、香、味。刀工是厨师根据菜肴的制作要求，使用不同的刀具、运用不同的刀法，将烹饪原料或半成品切割成一定规格形状的操作技术。中国菜肴所选用的食材五花八门，且每款菜肴都有特定的烹调方法，对原料的形状和规格都有严格的要求。因此，刀工的重要性不言而喻。

刀工，是中国菜的一大特色，块、片、条、丁、丝、末等形态多变；切、拉、剁、剞等手法灵活；雕镂细刻更是举世无双。学习烹调就要先学会刀工，形象生动的花刀剞法，能为菜肴增色添彩，让菜肴更具美感。当然，学习刀工并不是一件简单的事情，需要经过长期坚持不懈地练习才能达到娴熟的程度。

本书科学、系统地以图解的方式全面介绍了烹饪刀工的基本常识、正确的姿势、工具的种类、基本类型、基本技法、应用刀法及相关技巧等实用知识，对刀工技法的基础知识与实用操作都进行了详尽的分析与实例展示。本书内容丰富、图文并茂、科学实用，既是烹饪工作者的学习培训教材，也是家庭厨艺爱好者极好的参考书。

目录
CONTENTS

第一章
刀工的基础知识

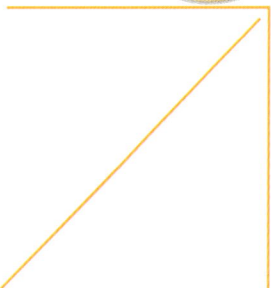

一、刀工的概念与作用

烹饪伴随着人类的劳动实践而产生，又伴随着人类文明的进步而发展。刀工是烹饪技术中至关重要的一环。中华美食传承，自古刀工为要。

刀工起源于青铜器时代的商代。铜刀是我国最早出现的金属刀具，其刃部相当锋利，可以随意切割原料。这样，就产生了最原始的刀工——粗、厚、大的块状，于是，菜肴的形状也随之丰富起来。

随着刀工技术的逐步发展，原料的形状逐渐由大变小，由粗变精了。人们又将加工得特别细小的原料，配到完整的本身形态较小的原料中去，由此产生了配菜意识。切配技术萌芽于春秋战国时期，孔子首先提出了"割不正不食"，意思是不食用形状切得不整齐的菜肴，这又把刀工技术提到了一定的高度。同时他还对饮食提出了新的要求："食不厌精，脍不厌细。"唐宋时期，刀工技术已渐趋成熟，不仅切出的片和丝薄如纸、细如发，风吹得起，而且厨师还能在煮熟的鸡蛋上进行雕工，出现了我国最早的食品雕刻——"琢卵"，并且开始运用刀工制作一些简单的花式拼盘。

　　时至今日，中国菜肴的刀工精细巧妙，已成为一项完善的烹饪技艺。不同的原料经过厨师的精细加工，成为片、丝、条、丁、粒、末、蓉、泥、块、段等形状，而且大小相等、长短相仿、粗细均匀、厚薄一致、整齐划一，十分富有工艺美。有的原料经过刀工美化，变成了鸟、兽、花、草等美丽图案，如"菊花肫"、"松鼠黄鱼"、"牡丹鱼"、"兰花鲍鱼"、"喜鹊登梅"、"莲藕荷花"等；还可以利用刀工技术做出"孔雀开屏"、"金鸡报晓"等栩栩如生的拼盘。这都体现了刀工的巧妙及其对菜肴的助力。

　　一个烹饪初学者，或许会把刀工定义在一个比较复杂的范围内，其实不然。所谓刀工，就是根据烹饪方法和食用者的要求，运用各种刀法和指法，把不同质地的食材加工成满足烹饪需要的各种形状的技艺。

　　种类繁多，性质各异的食材，其加工方法也多种多样。绝大多数原料要经过初加工和进一步的刀工处理后才能烹制。有的虽经初步烹制，但还是半成品，在食用前必须再进行加工处理，制成大小一致、厚薄均匀的形状才便于食用。这些都必须通过刀工来实现。

概括地说，刀工有以下几个方面的作用。

1.便于烹饪入味

烹饪实践表明，原料的形状与加热时间的长短关系密切，并与调味品的渗透程度紧密相连。完整丰腴、形状较大的原料，无论是大改小、粗改细、整切碎、剞花纹，都要运用刀工技术，扩大原料受热面积，使其可以快速加热致熟，并使调味品的滋味渗透至原料内部，从而保持菜肴的口感风味。

2.便于食用

在以养生和美食为主的今天，烹饪刀工的本质意义，就是让人们通过食用美味可口的菜肴达到养生、健体的目的。大块原料，如猪前腿、猪后腿、鸡、鸭、鹅、青鱼、草鱼等，如不经过刀工处理便直接烹制，会给食用者带来诸多不便。将原料进行适当的刀工处理，再烹制成菜肴，不但便于人们食用，还能促进食物的消化吸收。

3.增加美感

中餐的菜式丰富多彩，让人眼花缭乱。一块肉、一条鱼就可以利用刀工加工成菊花形、麦穗形、松果形、梳子形等各种形状，加工成蓉泥后又可以任意制成花、鸟、虫、草等各种图案。使用美化菜肴的各种"花刀法"，并结合点缀、镶嵌等工艺手法，就可以制成融美感和美味为一体的佳肴。烹饪原料加工后的形态既有丝、条、片、段、块、丁、粒、末、蓉、泥之分，又有丸、球、饼、花之别。只有掌握了刀工技术，才能使菜肴的形态多姿多彩。

4.丰富品种

烹饪刀工技术的发展，给中国菜肴品种的增多提供了有利的条件。运用刀工可以把同样的原料加工成各种不同的形态，从而制成不同的菜肴。比如可以利用刀工将鱼加工成鱼丝、鱼片、鱼条、鱼碎，然后分别制成"七彩鱼丝"、"糟熘鱼片"、"红烧划水"、"菊花青鱼"等菜肴。可见，菜肴数量、品种的增加是与刀工分不开的。

二、刀工需遵循的基本原则

学习刀工的目的不仅是为了改变原料的形状，美化原料的外观，更是为了加快原料的入味速度，使原料在制成佳肴后不仅有漂亮的外观，更有可口的味道。

1.整齐划一

经刀工切制出的原料，形状花式繁多，各有特色。同一菜肴的原料加工成粗细一致、长短一样、厚薄均匀的形状有利于原料在烹调时受热均匀，并使各种调味品的味道适当地渗入原料内部。如果成形后的原料参差不齐，细薄的会先入味，而粗厚的入味就比较慢；细薄的已经煮熟，而粗厚的还有夹生、老韧等现象，这就严重影响了菜肴的质量及口味。所以，刀工的优劣不在于能否将丝切得多么细、将片切得多么薄，而在于切出的形状是否均匀。

2.断连分明

运用刀工切出的原料形状不仅要美化整齐，还要使成形的原料断面平整、不出毛边。在刀工操作时，条与条之间、丝与丝之间、块与块之间必须断然分开，不可藕断丝连、似断非断，否则会影响菜肴的质量。

3.配合烹调

刀工和烹调作为烹饪技术整体中的两道工序，是相互制约、相互影响的，原料改刀的依据就是菜肴所用的烹调方法。例如，炒、爆等烹调法都宜采用急火，操作时间短，原料须切薄或切细；而炖、焖、煨等烹调法所用的火候宜小，时间长，有较多的汤汁，原料切的段或块要大些，如过小则在烹调过程中易碎，影响口感。辅料的体积和形状要服从主料的体积和形状，一般情况下辅料要小于主料、少于主料，这样才能突出主料，否则会造成喧宾夺主的现象。

4.合理运用

刀法运用必须合理，才能发挥出应有的功效。切割不同质地的原料，要在了解原料质地老嫩、纹路横竖的基础上，采用合适的方法。一般质老的多采用顶纹路切，质嫩的多采用斜纹路切。如用韧性的肉类原料切片时，应采用推切或拉切；切质地松散或蛋白质变性的原料，如面包、酱肉等，应采用锯切。选准刀法，才能使切制出来的原料的质量得到保证，既省时又省力。

5.物尽其用

在利用刀工对原料进行加工时，要充分考虑原料的用途。改切原料时，落刀要心中有数，必须掌握材尽其用、各得其所的原则。使用原料要精打细算，刀技方法得当，对刀前刀后的碎料，也要精打细算，充分发挥其效用。

三、刀工的加工对象

鸡、鸭、鱼、肉、瓜、菜、藕、笋等都是常见的烹饪原料，因质地不同，加工时所用的刀法也就互不相同。了解并熟悉原料的质地，准确而合理地选用相应的刀法，才能使加工后的原料整齐、均匀，使操作过程省时又高效。中餐烹饪原料品种繁多，按质地不同可以将常用的烹饪原料分为以下几种。

1.韧性原料

韧性原料，泛指一切动物性原料，因其品种、部位不同，韧性的强弱程度也不尽相同，又可细分为强韧性原料和弱韧性原料两种。

◎ 强韧性原料

这类原料含有丰富的结缔、筋络组织，纤维粗韧，肉质弹性大，水分含量少，韧性强。例如，牛的颈肉、前腱子肉、肚子（胃）；羊的颈头肉、前腿肉、前腱子肉、后腿肉、后腱子肉、肚子（胃）；猪的颈肉、夹心肉、奶脯肉、前蹄髈、坐臀肉、肚子（胃）；鸡、鸭的腿肉。

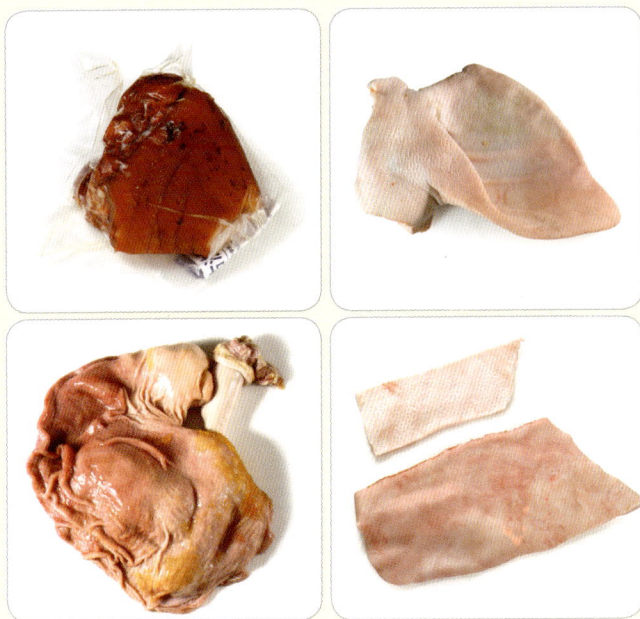

◎ 弱韧性原料

这类原料纤维组织细嫩，水分含量高，经过分档加工，去除筋膜，减少结缔组织，就会降低韧性。例如，牛的里脊肉、通脊肉、里仔盖肉、仔盖肉；羊的里脊肉、通脊肉、肋条肉、臀尖肉、元宝肉、肝、心；猪的里脊肉、通脊肉、硬肌肉、臀尖肉、肚头、心、肝、腰；鸡的里脊肉、胸脯肉、心、肝、肫；鱼类的净肉、对虾的净肉、水发鱿鱼等。

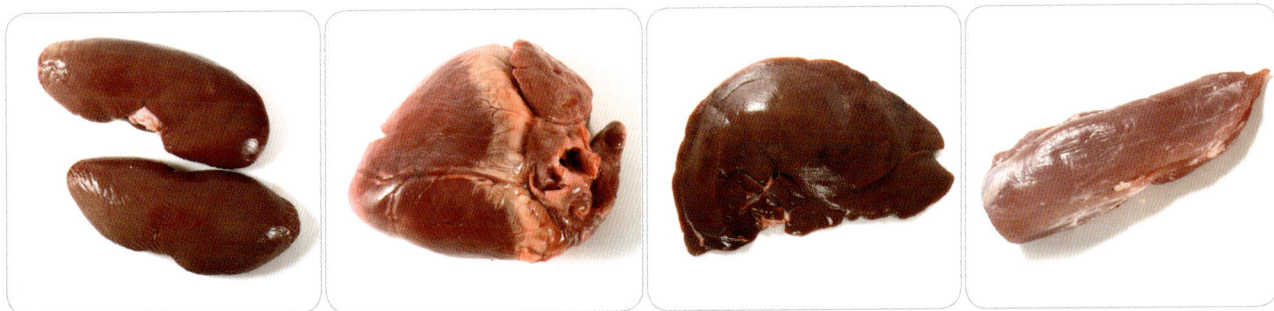

2.脆性原料

脆性原料含水分较多，脆嫩新鲜，泛指一切植物性原料。例如，黄瓜、甜豆、萝卜、山药、大白菜、冬瓜、蒜苗、芋艿、油菜、白菜、四季豆、芹菜、茭白、韭菜、藕、竹笋、莴笋等。适用的刀法有直切、滚料切、排剁、平刀片、滚料片、反刀片等。

3.软性原料

软性原料，泛指经过加热处理后，改变了原料本身固有的质地，变性了的原料。其包括动物性原料如各种酱牛肉、酱羊肉、酱猪肉、白肉等；植物性原料如经过加热焯熟的胡萝卜、莴笋、冬笋等；固体性原料如圆火腿、虾肉卷、蛋卷、蛋黄糕、蛋白糕、豆腐、豆腐干等。适用的刀法有推切、锯切、滚料切、排剁、推刀片、滚料片、正刀片等。

4.硬实性原料

硬实性原料，指通过盐腌或晒制、风干等方法处理之后，原料结构组织变得细密、硬实的原料。例如，火腿、香肠、风干肉、海蛰等。适用的刀法是锯切、直刀劈、跟刀劈等。

5.松散性原料

松散性原料组织疏松、易碎，常用的有方腿（大块）、面包、水面筋、熟土豆、熟猪肝、熟羊肚等。适用的刀法有锯切、排剁等。

6.带骨、带壳原料

常用的带骨、带壳原料有猪大排、猪肋条、猪蹄髈、肋排、猪蹄、猪头、牛肉、鱼头、西式方腿、咸肉、河蟹、海蟹、熟鸡蛋、熟鸭蛋等。适用的刀法是侧切、拍刀劈、直劈、跟刀劈等。

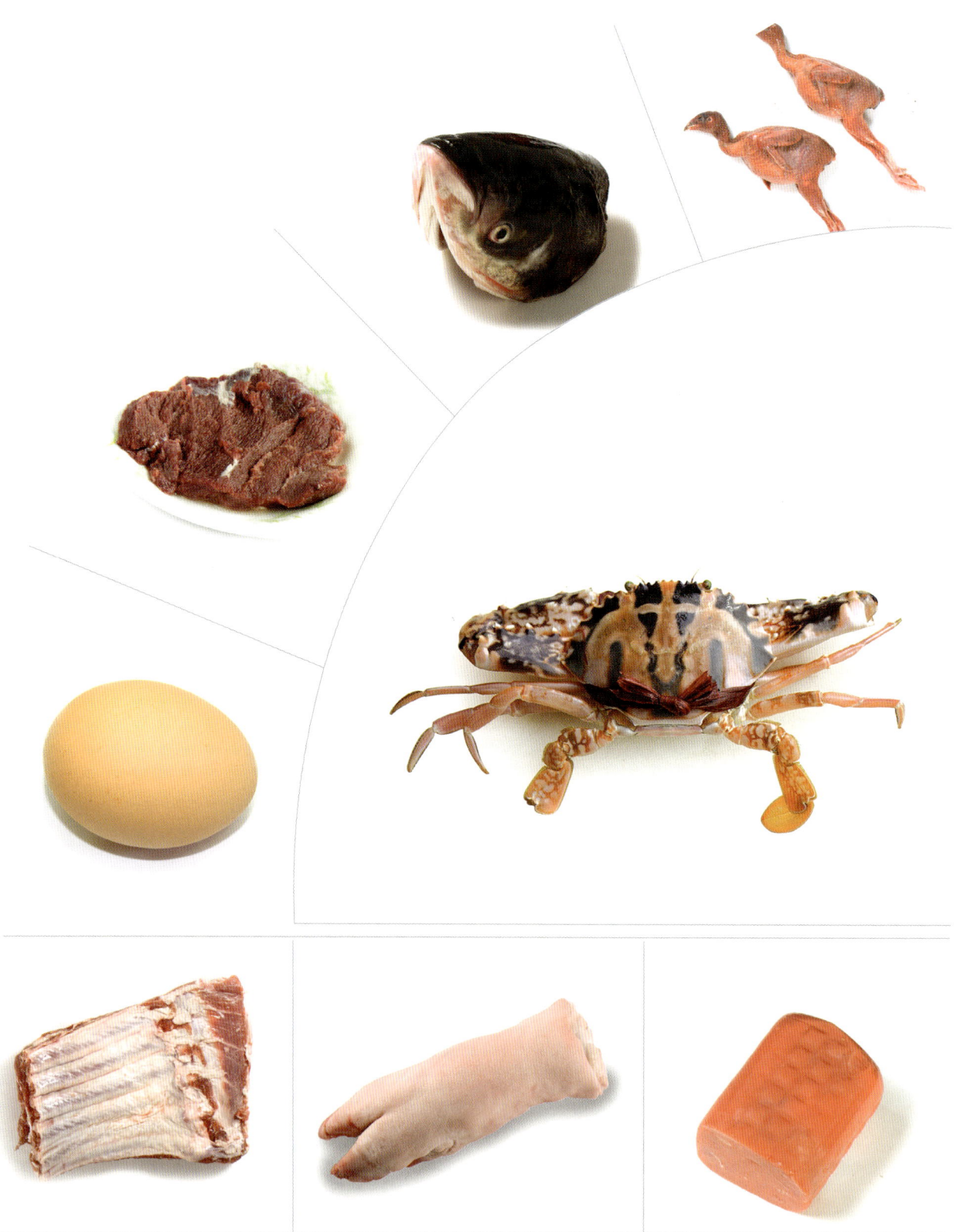

四、刀具的种类及其保养

1.刀具的种类和用途

刀具的好坏、使用方法是否正确都将直接影响刀工的质量，所以说刀具是刀工设备中最主要的工具。选择刀具要注意以下几点：

第一，表面光滑，只有刀具表面光滑才能真正起到抗锈的效果；

第二，刀刃锋利，刀刃要锋利、平直、无缺口；

第三，使用舒适，刀柄的设计要人性化，拿握舒适；

第四，使用安全，刀柄要有防滑设计，不会脱手伤及使用者。

家用菜刀一般可选购夹钢菜刀，切菜、切肉比较适用。选刀时，应看刀的刃口是否平直，刃口平直的，磨、切都方便。未开刃的菜刀可用锉来锉刃口，如感觉发滑，证明菜刀有钢，也有硬度。也可用刃口削铁试硬度，如把铁削出硬伤，说明有钢有硬度。注意，不可将两把菜刀刃对刃碰撞来试硬度。要创造一种具有较好切割能力又不生锈的钢材是一种特殊的挑战。尽管大多数知名刀具厂商均采用优秀不锈钢，但如果没有良好的保养，这些刀仍然会生锈，这不是刀具的质量问题。通常钢材中含碳量增高会增加硬度，即增加所制刀具的锋利性，但同时会降低抗锈性。

烹饪的刀具有很多种类，除一些有特殊用途的刀具以外，大多数的外形是相似的。这里以切刀为例，介绍其各部位的名称。

下图所示为切刀，它是由a.刀柄、b.刀背、c.刀膛、d.刀口锋面（又称刀刃）、e.尖劈（剖面）等部分组成。

1）片刀

片刀又叫薄刀，窄而长，轻而薄，使用灵活方便。它的用途主要是用于切片，亦可用于切丝、丁、条、块等。但不能用于处理带骨的或坚硬的原料。

2）切刀

切刀比片刀略厚、略重，刀口锋利，结实耐用，有方头、圆头、齐头、大头之分。切刀应用范围较广，是最基本的刀，可用其把原料切成丝、丁、片、块、末等形状。

3）切砍刀

切砍刀重500～1000克。刀的前半部可以用来切，后半部主要用来砍骨头不很粗大的鸡、鸭、鱼、兔等肉类。

4）砍刀

砍刀又叫骨刀或厚刀，刀身呈长方形或圆口形，刀体厚重。专门用于砍带骨的或质地坚硬的原料。

5）镊子刀

镊子刀刀身宽约3厘米、长20～25厘米，前半部分是刀，似等腰三角形；后半部分是刀柄，带镊子。其主要用于原料的初加工，如宰、剖、刮及夹毛等，右图所示的是多功能镊子刀。

除了上述的刀具以外，还有一些专用刀具，如罐头刀、压蒜器、剪刀、刨擦器等。

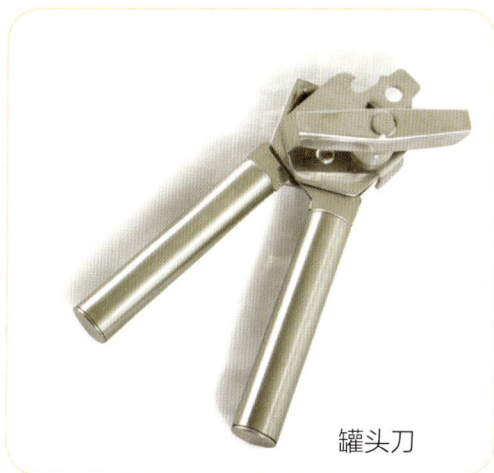

罐头刀

压蒜器

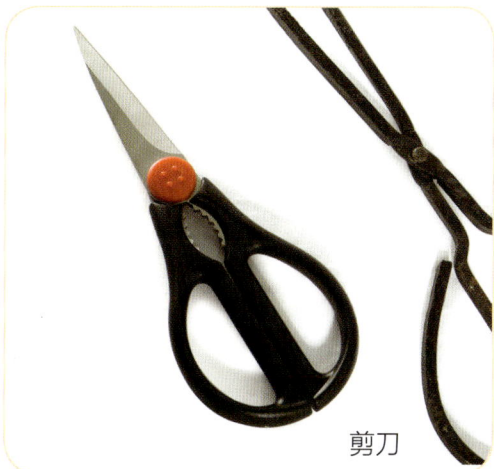

剪刀

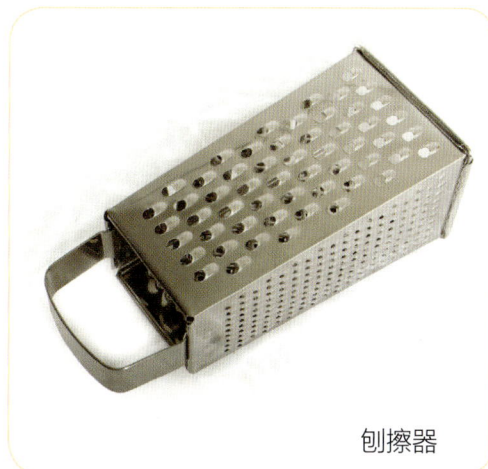

刨擦器

小知识：
刀具最好的伙伴——
菜墩

菜墩又称为砧墩、墩子，是刀工操作时的衬垫工具。只有将原料放在合格的菜墩上，才能保证加工出整齐、美观、均匀的原料。因此，菜墩的好坏直接影响菜肴原料的质量。

菜墩按材质可分为木菜墩、竹菜墩、塑胶菜墩三种，饮食行业常用的是木菜墩。

木菜墩需用木质坚实、细致、质密，弹性较好，树皮完整，树心不空不烂，无疤痕，无花斑的木料做成。通常以用皂角树、白果树、橄榄树等材料做的为佳；桦树、柳树等材料做的次之。如果菜墩木质呈灰暗色或有斑点，则缺乏韧性、弹性，说明树材存放时间过长或系枯树制成，质地较差。随着现代科技的发展，已出现了用竹作为原料的菜墩，此种菜墩由于环保、卫生而被广泛使用。

新买来的菜墩，应用浓盐水或植物油反复涂浸，使菜墩的木质更为紧密、结实且耐用。在使用时应视菜墩具体情况转动墩位，让菜墩表面各部位都能均匀用到，不至于使墩面凹凸不平。发现墩面凹凸不平时，可用铁刨刨去凸起部分，以保持墩面平整。每次使用完毕都应将墩面刮净。一天工作结束时，必须将菜墩清洗干净，然后竖立放置。菜墩要定期以高温加热，进行消毒处理，但切忌在太阳下暴晒，以免干裂。

2.刀具的保养方法及注意事项

刀是我们每天生活中不可缺少的伙伴，精心保养的刀更好用，也能用得更久。

刀具平时要保证清洁和润滑。菜刀如果长时间不用生锈怎么办？用萝卜片加适量细沙来擦洗，可立刻除去刀锈。用切开的葱头涂擦，也可除锈。平时菜刀用毕，涂上生油或用姜片揩干，可以有效防止生锈。

当在盐水中或潮湿的环境下使用刀具时，一定要注意防锈，如有锈斑出现一定要及时用金属防锈剂擦拭；如在海水或盐水中用过要及时在清水中冲洗干净，再将刀具完全甩干涂上润滑油或硅油。为了保证安全使用，要注意手柄部分，最好是用牙签清理污垢和用热水溶掉不易清理的污渍。保持刀刃锋利，刀越钝则越不安全；刀应经常磨，越懒于磨刀，刀就越难磨。锋利的刀具，才可以顺利的切割，成为厨房内的好帮手。

在日常生活中，我们对刀具的保养应该注意以下几点。

（1）操作时要爱护刀刃，对各种刀具要使用得当，如片刀不宜斩、砍；切刀不宜砍大骨。运刀时以能断开原料为准，合理使用刀刃的部位，落刀如遇到阻力，应及时检查有无骨渣，否则易伤刀刃。

（2）每次用完必须用热水将刀洗净，擦干水分，特别是切咸味的或带有黏性的原料时，如咸菜、榨菜、藕、菱角等，因其含有鞣酸，切后容易氧化而使刀面发黑，并且盐渍对刀具有腐蚀性，如不及时将刀擦洗干净，会影响刀的使用寿命。

（3）长时间不用的刀，应在刀身的两面涂上油脂，以防生锈。经清洁擦拭后的刀要放在刀架上，刀刃不可放在硬物上。

（4）传递刀具时，要将刀柄朝向对方，刀刃向下，等到对方拿稳刀柄后才可松手。切记不可玩弄刀具，否则极易发生危险（见上图）。

（5）携刀走路时，右手横握刀柄，紧贴腹部右侧，刀刃向下。切忌刀刃朝外，手舞足蹈，以免伤害到他人。

（6）操作完毕之后，应将刀放置在墩面中间，前不出刀尖，后不露刀柄，而且刀背、刀刃都不应露出墩面（见下图）。错误的刀具摆法不但会损害刀具的正常使用功能，还会对自己或他人造成伤害，所以日常生活中应养成良好的用刀习惯。

正确的 ✓

错误的 ✗

3.磨刀的工具和方法

1）磨刀工具

　　磨刀的工具是磨刀石。磨刀石有粗磨刀石、细磨刀石和油石三种。粗磨刀石的质地松而粗，多用于磨出锋口。细磨刀石的质地坚实而细，不易损伤锋口，容易磨出刀刃，使刀刃锋利。磨刀时，一般先在粗磨刀石上磨出锋口，再在细磨刀石上磨好锋刃，这样能缩短磨刀时间，保证磨刀效果。

1号粗磨刀石　　2号粗磨刀石　　细磨刀石

2）磨刀的方法

　　为使刀刃锋利，必须经常磨刀。磨刀是通过刀刃和磨刀石之间的反复摩擦，使刀刃锋利程度达到加工原料的要求。要使刀锋符合实际要求，不仅要有质地较好的磨刀石，而且要采用正确的磨刀姿势和方法。

a.磨刀的姿势

　　磨刀时要求两脚分开，一前一后站稳，前腿弓，后腿绷，胸部略向前倾，收腹，重心前移，两手持刀，平衡用力，目视刀口（见右图）。

b.磨刀的方法

首先将磨石安放于平稳的物体上（最好在磨石下面垫块布，以防磨刀石滑动），再在旁边放一盆清水。磨刀时一手握住刀背前端直角部位，另一手握住刀柄，两手持刀，将刀身端平，刀口锋面朝外，刀背朝里。磨刀须按一定的程序进行：向前平推（刀膛与磨石呈平行状态）至磨刀石尽头，然后向后提拉，始终保持与磨刀石的夹角为3~5度，无论是前推还是后拉，用力都要平稳、均匀、一致，切不可忽高忽低。当磨刀石面起沙浆时，须淋点水再继续磨。磨刀时重点放在磨刀口锋面部位。刀口锋面的前、后、中端部位都要均匀地磨到。磨完刀具的一面后，再换手持刀，磨另一面。这样反复转换几次，直至刀刃锋利为止。

3）刀锋的检验

刀口锋利有两种含义：一是指刀的锋口很薄；二是指锋口与被切原料间的接触面很小。

刀口锋利，不但在切料时觉得省力，而且也省工。检验刀磨得是否合格，一种方法是将刀刃朝上，两眼直视刀刃，如果刀刃上看不见白色光泽，就表明刀已经锋利；如果有白痕，则表明刀有不锋利之处；另一种方法是把刀刃放在大拇指手指盖上轻轻拉一拉，如果有涩感，则表明刀刃锋利；如感觉光滑，则表明刀刃不锋利，仍需继续磨。

五、持刀的基本姿势

刀工姿势是指厨师运刀时的"架势"，是厨师的一项重要的基本功。内容包括：站案姿势、持料姿势、握刀姿势、操作姿势。这些姿势都有着鲜明的概念和严格的要求，是每一个厨师都必须掌握的基本技能。

1.站案姿势

厨师进行刀工操作时，正确的站案姿势应是双脚自然分立，呈八字形，两脚尖分开，与肩同宽。身体保持自然正直，自然含胸，头要端正，双眼正视两手操作的部位，腹部与菜墩保持约10厘米的间距；菜墩放置的高度应以操作者身高的一半为宜，双肩关节要自我感觉轻松；操作时始终保持身体重心垂直于地面，重力分布均匀。还有一种丁字步站姿，呈稍息姿势，两脚成丁字形，身体稍侧，两手自然分开，刀与案边成直角。

初学刀工者容易出现很多错误动作，如歪头、哈腰、拱背，身体前倾，重心不稳，形成身体三曲弯，下刀动全身，久而久之就养成不良习惯。这些不良动作不仅有害身体健康，也会影响刀技的正常发挥和施展。

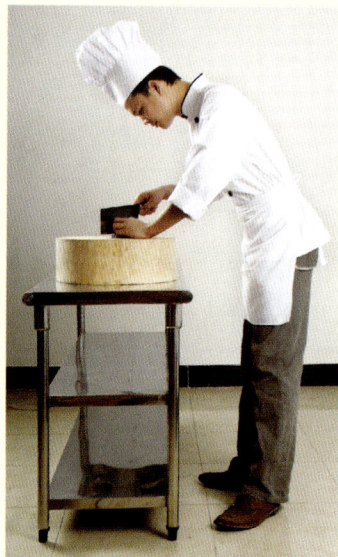

⊗ 错误
错误站姿会使人肌肉僵硬，精神委靡造成腰肌劳损。

✓ 正确
正确站姿有利于人控制上肢灵活用力的强弱和方向。

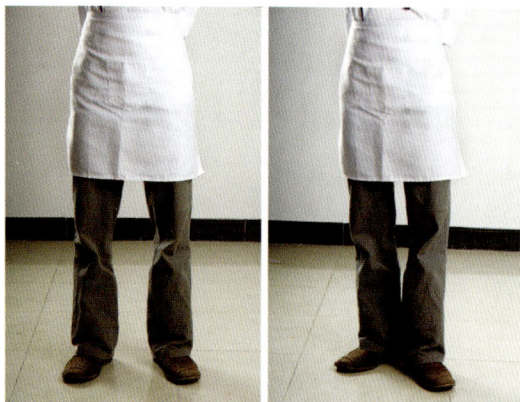

✓ 正确的脚法

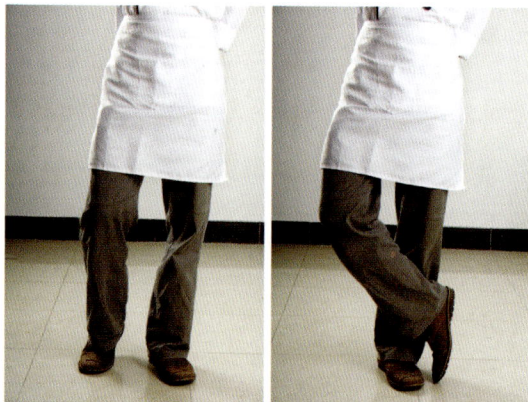

⊗ 错误的脚法

2.持料姿势

厨师运刀时，必须左右手配合。右手持刀，左手扶料，才能熟练运用刀法，将原料制成所需要的形状。因此，了解持料时手掌及各个手指的不同作用，充分运用手掌和手指，并发挥其作用，是提高刀工技能、保证菜肴质量的一个不可忽视的环节。手掌和各个手指在刀工操作时既分工又合作，相互配合。

这里以切为例。左手的基本手势是：五指稍微合拢，自然弯曲（见上图）。

（1）手掌：操作时手掌起支撑作用，切菜时手掌掌跟不要抬起，必须紧贴墩面，或压在原料上，使重心集中在手掌上，这样才能使各个手指灵活自如。否则，当失去手掌的支撑时，下压力及重心必然迁移至五个手指上，使各个手指的活动受到限制，发挥不了五个指头应有的作用，刀距也不好掌握，很容易出现忽宽忽窄、刀距不匀的现象。

（2）中指：操作时，中指指背第一节朝手心方向略向里弯曲，轻按原料，下压力要小，并紧贴刀膛，主要作用是控制刀距，调节刀距尺度。从事刀工工作，手是计量、掌握原料切割的尺子。正确运用这把"尺子"，才能准确地完成所需要的原料形状。

（3）食指、无名指、小拇指：这几个手指自然弯曲，轻轻按稳原料，防止原料左右滑动。其中食指和无名指向掌心方向略弯，垂直朝下用力，下压力集中在手指尖部，小拇指协助按稳原料。

（4）大拇指：大拇指也一起协助按稳原料。有时，大拇指可起支撑作用（只有当手掌脱离墩面时，大拇指才能发挥支撑点的作用），避免重心力集中在中指上，造成手指移动不灵活和刀距失控。

3.握刀姿势

　　在刀工操作中，握刀姿势与原料的质地和所用的刀法有关。使用的刀法不同，握刀的姿势也有所不同。一般都以右手握刀，握刀部位要适中，大多以右手大拇指与食指捏着刀身，其余三指紧紧握住刀柄，随刀的起落而均匀地向后移动。刀工操作中主要依靠腕力，握刀时手腕一定要保持灵活而有力。握刀的基本要求是稳、准、狠，应牢而不死，硬而不僵，软而不虚。刀工练到一定地步，就会轻松自然，灵活自如。

　　（1）切的刀工手势：右手拇指和食指捏住刀背，其他手指及手掌紧握刀把，刀刃垂直向下，左手五指自然弯曲成爪形，中指第一个关节略突出顶住刀膛，拇指及掌根起支撑作用。

　　（2）砍的刀工手势：右手紧握刀把，刀刃垂直向下，左手扶稳原料或放在砧板边沿。

　　（3）片的刀工手势：右手拇指和食指捏住刀背，其他手指及手掌紧握刀把，刀刃与砧板平行或呈斜角，左手伸直手掌，用四指前端或掌根按住原料。

⊗ 初学者握刀时最容易出现的错误姿势（见下图）

　　这些姿势不仅不能把握住刀的作用点，而且常常因施力过大，出现脱刀伤手的情况，同时切料时因刀发晃而影响刀法的质量。因此这些握刀姿势都是不足取的。

4.操作姿势

操作姿势是指刀工操作中的指法。

在具体的刀工操作实践中，根据刀工所加工的对象、原料质地的不同，指法可归纳为连续式、间歇式、交替式、变换式等四种方法。

（1）连续式。连续式多用于切黄瓜、土豆等脆性原料。起势为左手五指合拢，手指弯曲呈弓形，以中指第一节紧贴刀膛，保持固定的姿势，向左后方连续移动，刀距大小由移动的跨度而定。这种指法速度较快，中途停顿少。

（2）间歇式。间歇式适用范围较广，对动物性原料、植物性原料均适用。方法为：左手五指并拢，弯曲呈弓形，中指紧贴刀膛，右手每切一刀，中指、食指、无名指、小拇指四指合拢向手心缓移，当行刀切割原料每过4～6刀时，此时的手势呈半握拳状态，稍一停顿，重心点就落在手掌及大拇指外的部位。然后，其他四个手指不动，手掌微微抬起，大拇指相随，向左右方移动，此时的重心点落在以中指为中心的四个手指上。当手掌向后移动，恢复自然弯曲状态时，继续行刀切割原料，如此反复进行。

（3）平铺式。在平刀法或斜刀法中的片中常用。指法是：大拇指起支撑作用，或用掌跟支撑，其余四指自然伸直张开，轻按在原料上。右手持刀片原料时，四指还可感觉并让右手控制片的厚薄。右手一刀片到底后，左手四指轻轻地把片好的原料扒过来。

（4）变换式。变换式是综合利用或交换使用连续式、间歇式、平铺式等不同的指法，作用在一块原料上。有些韧性的动物性原料，因质地老、韧、嫩联结成一体，单纯使用一种指法，有时难以保证切出的原料均匀一致，这就要视原料质地的不同，灵活运用各种指法，有效地控制刀距。如鱿鱼剞花刀、猪腰剞花刀等。

在操作中应注意，目光要注视原料，不要看切好的原料；刀的起落高度，一般不能超过手指的中节，持料要稳，落刀要准，双手配合应紧密而有节奏。

目测是刀工技术的一项重要内容，良好的目测能力要与运用适当的指法相结合。有了良好的目测能力才能下刀准，不下二刀，不下空刀。对于初练刀工者，先由切报纸，练习两手的协调配合，指法的恰当配合；加强训练，使腕力和臂力协调，增强耐力。熟练后可拿萝卜练习，因为萝卜的可塑性强，便于初学者手的控制。切萝卜丝先切粗丝（0.4厘米），切到整齐均匀后，再切二粗丝（0.3厘米），最后切细丝（0.2厘米）。反复练习，循序渐进。

使用菜墩的小常识

不管是用木质菜墩还是塑胶菜墩，在切完生肉、禽肉及海产食品之后，如果还要再切其他新鲜农产品、面包或者熟食等，一定要选择另一个菜墩，分开使用。这样做是为了避免残留在菜墩上的细菌交叉污染了其他食品。尤其是切完生肉的菜墩再用来切熟食，就很容易引起食源性疾病。

为了保证用过的菜墩卫生干净，可以在使用完之后把菜墩泡在热水中用硬刷加上清洁剂进行清洗，然后用清水冲干净之后再用干毛巾擦干。若再用沸水烫一遍，清洁效果就更加彻底了。除此之外，还有一种消毒方法，就是每次在用过之后，用菜刀刮净板面上的残汁遗物，再在菜墩上撒一层盐，这样就可以起到杀菌的效果了，且最好每周在菜墩上撒一次盐。如果用的是木质菜墩，这样做还可以保证菜墩不干裂，从而避免食物残存在裂缝中，导致细菌滋生。

第二章

刀法

刀法入门

"厨以切为先"，切菜需讲究刀法，切得一手好菜，不仅可以使烹饪变得容易，甚至还能提高菜肴的营养价值。下面先介绍几个让切菜更轻松的小窍门。

（1）巧切黏性食物。先用刀切几片萝卜，再切黏性食物。萝卜汁能防止黏性食物黏在刀上，切出来也很好看。

（2）巧切鱼肉。鱼肉质细、纤维短，极易破碎，因此切时应将鱼皮朝下，刀口斜入，下刀的方向最好顺着鱼刺。另外，切鱼时要干净利落，这样炒熟后形状才完整。

（3）巧切羊肉。羊肉中有很多黏膜，炒熟后肉烂而膜硬，口感不好。所以，切羊肉前应先将黏膜剔除。

（4）巧切猪肝。先沿着大血管切一刀，把大血管剔除。然后从横截面分段切。

（5）巧切蛋糕。生日蛋糕很容易黏在刀上，切前最好将刀在温水中蘸一下，这样，热刀会融化一些脂肪，起到润滑作用，可防止蛋糕黏刀。此外，用黄油擦刀口也可起到同样的效果。

（6）巧切大面包。可先将刀烧热再切，不会使面包黏在一起，也不会松散掉渣。

在了解了这些切菜的小窍门后，您是不是觉得刀工很神奇？那么下面，本书就为您讲解专业的刀工知识。

为了完善原料的性质形状及满足各种烹饪方法的要求，厨师在实践中逐步摸索出来了运刀的各种加工手法。一个厨师刀工的精湛，在于他能熟练地、敏捷地、巧妙地、正确地运用各种刀法。刀法的种类很多，各地的名称也有差异，但基本刀法大致可分为直刀法、平刀法、斜刀法、剖刀法及其他刀法等五大类。

一、直刀法

所谓直刀法，就是刀刃朝下，刀与原料、菜墩平面成直角的一类刀法。直刀法是刀法中最主要的，也是较复杂的刀法。直刀法是刀法中最主要的，也是较复杂的刀法，这种刀法按照原料的质地不同、所用力大小和手、腕、臂膀运动的方式，又可分为切、斩、劈等几种。

1.切

切，是由上往下用力运刀的一种刀法。切时以腕力为主、小臂力为辅去运刀。切，适用于一般植物和无骨动物等原料。根据操作过程中运刀方向的不同，又分为直刀切、推刀切、锯刀切、滚料切、拉刀切、铡刀切等。

1）直刀切

直刀切，又称跳切。这种刀法在操作时要求刀与墩面垂直，运刀方向直上直下。运刀时刀身始终平行于原料截面，既不前移，也不往后拉，又不左右偏移，每刀都有规律地、呈跳动状地、笔直地切下去，从而达到切断原料的目的。

运用范围：

此刀法适用于嫩脆性的植物性原料如莴笋、菜头、莲藕、萝卜、白菜、茭白等。

操作方法：

①左手扶稳原料，手势如图。

②用中指第一关节弯曲处顶住刀膛，掌跟按在原料或墩面上。

③右手持刀，用刀刃的中前部位对准原料被切位置，刀垂直上下起落将原料切断。

④如此反复直切，至切完原料为止。

技术要求

按稳所切原料，左手以蟹爬式向左后方向移动，刀距一致，两手密切配合，有节奏地做匀速运动。运刀时，刀身不可里外倾斜，作用点在刀刃的中前部位。所切原料不能码堆太高，如原料体积过大，应放慢运刀速度。

2）推刀切

这种刀法操作时要求刀与墩面垂直，刀自上而下从右后方向左前方推进，以达到将原料切断的目的。运刀的着力点在刀的后部，一切推到底，不再往回拉。推刀切主要用于质地较松散、用直刀切容易破裂或散开的原料，讲究一推到底，刀刃分清。

运用范围：

此刀法适用于细嫩而有韧性的原料，如肥肉、瘦肉、火腿、大头菜、动物肝脏、猪肾等。

操作方法：

①左手扶稳原料，用中指第一关节弯曲处顶住刀膛。

②右手持刀，用刀刃的前部位对准原料的被切位置，刀从上至下，自右后方朝左前方推切下去，将原料切断。

③如此反复推切，至切完原料为止。

技术要求

左手运用指法朝左后方移动，每次移动要求刀距相等。从前刀部分推至后刀部分时，刀刃才完全与菜墩吻合，一刀到底，保证推切断料的效果。推刀切时，进刀轻柔有力，下切刚劲，断刀干脆利落，刀前端开片，后端断料。

Tips 温馨提示

切肥肉时，其中的大量脂肪会融出来，一来不容易固定在案板上，下刀时易滑刀切手；二来不好掌握肉块的大小。可先将肥肉蘸凉水后再切，边切边洒凉水，这样比较省力，肉不会滑动。

3）拉刀切

拉刀切又称拖刀切，指刀的着力点在前端，运刀方向从前上方向后下方拖拉，实际上是虚推实拉，主要以拉为主。推刀与拉刀都是要运用手腕的力量，动作大体相同。不同的就是推刀是由后向前的，拉刀是由前向后的。初学时，只有熟练掌握了直刀切法时，才能运用推刀、拉刀两种刀法，最好是先学推刀，再学拉刀。

运用范围：

该刀法适用于体积薄小、质地细嫩并易裂的原料，如鸡胸脯肉、瘦肉、牛肉、羊肉。

操作方法：

①左手扶稳原料，用中指第一关节弯曲处顶住刀膛，右手持刀，用刀刃的后部位对准原料被切的位置。

②刀由上至下、自左前方向右后方运动，用力将原料拉切断开。

③如此反复拉切，至切完原料为止。

技术要求

拉切时，进刀时轻轻向前推切一下，再顺势向后下方一拉到底，即所谓的"虚推实拉"。运刀时，通过手腕的摆动，使刀在原料上产生一个弧度，从而加大刀的运行距离，避免连刀现象；用力要充分，彻底将原料拉切断开。

Tips 温馨提示

巧切牛肉：牛肉筋多，为了不让筋腱整条地保留在肉内，最好横切。

4）推拉刀切

操作时，将刀和材料保持直角，刀先向左前方行刀推切，接着再行刀向右后方拉切。向前一刀是便于入刀，向后一拉时切断，这样一推一拉，就能迅速将原料断开。运刀过程中要注意由刀的前部入刀，最后的着力点在刀的中前部。

运用范围：

这种刀法效率较高，主要应用于韧性较大或松软易碎的熟料，如带筋的瘦肉、热处理过的肉、熟火腿、面包、卤水制作的动物原料等。

操作方法：

①左手扶稳原料，右手持刀。

②先用推刀切的刀法，将原料断开（方法同推刀切）。

③再运用拉刀切的方法，将原料断开（方法同拉刀切）。

④如此将推刀切和拉刀切结合起来，反复推拉刀切，直至切完原料为止。

技术要求

操作时，一般要求将原料完全推刀切断开以后，才做拉刀切，用力要充分，动作要连贯。前后推拉时刀要保持直立，不能摇摆不定。

Tips 温馨提示

先将刀在开水中烫热，再去切煮熟的鸡蛋、鸭蛋、皮蛋，蛋就不易碎。

5）锯刀切

锯刀切，顾名思义，就是在刀工操作时，刀前后往返几次如拉锯般切下，直至将原料完全切断为止。锯刀切主要是把原料加工成片的形状。运用锯刀切时要注意，运刀的速度要慢，着力应小而匀，并且前后拉锯面要笔直，不能偏里或偏外。切时左手将原料按稳，不能移动，否则切出的形状会大小薄厚不均。

运用范围：

该刀法主要适用于无骨而富有韧性的原料和松软的原料，如冻肉、火腿、面包等。

操作方法：

①左手扶稳原料，中指第一关节弯曲处顶住刀膛。

②右手持刀，刀刃的前部接触原料被切位置。

③运刀时，先向左前方推动，待刀刃移至原料的中部位之后，再将刀向右后方拉回。

④如此反复多次至原料切断。

技术要求

刀与墩面保持垂直，下刀宜缓，不能过快，避免原料因受力过大而变形。要懂得用腕力和左手中指合作，以控制切出的原料形状和薄厚。

Tips 温馨提示

刀工小口诀：横切牛羊（横着纤维纹路切）、斜切猪（顺着纤维纹路稍斜切）、竖切鸡鱼（顺着纤维纹路竖切）。

6）滚料切

滚料切又称滚刀切、滚切，要求刀与墩面垂直，左手扶料，不断朝一个方向滚动。右手持刀，原料每滚动一次，刀做直刀切或推刀切一次，将原料切断。用滚刀切出来的食材呈两头尖形，而用普通切法就是筒形。

运用范围：

此刀法主要适用于质嫩脆、体积较小的圆柱形植物原料，如胡萝卜、土豆、山药、莴笋、芋头等。

操作方法：

①左手扶稳原料，原料要与刀保持一定的斜度，用中指第一关节弯曲处顶住刀膛。

②右手持刀，用刀刃对准原料被切位置，运用推刀切或直刀切的刀法，将原料断开。

③每切完一刀后，便把原料滚动一次，再作推刀切。

④如此反复进行，直至原料切完为止。

技术要求

双手的动作要协调，两眼看准滚料切的部位，每切一刀后，便把原料滚动一次，每次滚动的角度要一致，做到加工后的原料形状均匀一致。

Tips 温馨提示

用滚料切所制作出的原料形状的体积比片、丁、丝大，适于做烧菜和煨汤用。

7）铡刀切

铡刀切的方法有两种：（1）右手握刀柄，左手握住刀背的前端，两手平衡用力压切；（2）右手握住刀柄，左手按住刀背前端，左右两手交替用力上下摇动。操作时，注意刀要与原料、菜墩垂直，要对准所切的部位，并使原料不能移动，下刀要准。不管压切还是摇切，都要迅速敏捷、用力均匀。

运用范围：

铡刀切适用于加工带软骨或比较细小的硬骨原料，如蟹、烧鸡等。形圆、体小、易滑的原料，如花椒、花生米、煮熟的蛋类等原料也适合用这种刀法加工。

操作方法：

①左手握住刀背前端，右手握刀柄，刀刃前部垂下，后部翘起，被切原料放在刀刃的中部。

②右手用力压切。

③再将刀刃前部翘起，接着左手用力压切。

④如此上下反复交替压切，直至原料切完为止。

技术要求

双手配合用力，操作时左右两手反复上下运动，交替由上至下摇切，动作要连贯且快，干净利索。

Tip 温馨提示

切螃蟹时宜运用此法，用刀对准中间，两只手用力压下去即可。

2.剁

剁，又称斩，运刀时刀刃与墩面、原料基本保持垂直。此刀法一般用于加工无骨原料，是将原料斩成蓉、泥或剁成末的一种常见方法。一把刀剁称为单刀剁，两把刀剁称为排剁，根据原料数量来决定用排剁还是用单刀剁。数量多的用双刀，数量少的用单刀。为了提高工作效率，通常用排剁。

运用范围：

此刀法适用于加工无骨的猪、牛、羊肉和大白菜等。

操作方法：

①左右两手各持一把刀，两刀之间要间隔一定距离，两刀一上一下，一左一右排剁。

②再从右到左反复排剁。

③当原料剁到一定程度时，两刀各向相反的方向倾斜，用刀将原料铲起归堆。

④继续行刀排剁。运刀时，刀身不可里外倾斜，作用点在刀刃的中前部位。所切原料不能码堆太高，如原料体积过大，应放慢运刀速度。

技术要求

排剁时左右两手握刀要灵活，要运用手腕的力量，刀的起落要有节奏，两刀不能互相碰撞；要勤翻动原料，使其均匀细腻。

Tips 温馨提示

剁的过程中如有黏刀现象，可将刀放在水里浸一浸再剁。

3.砍

砍，又称劈，是指在刀面与墩面垂直的前提下，运用臂力、把体积较大的原料分开成若干体积较小用料的一种刀法。砍与斩相比，用力更大，刀上下运行幅度也更大。根据断料时用力方式的不同，砍可分为直刀砍、跟刀砍、拍刀砍三种。

1）直刀砍

直刀砍是将刀对准要砍的部位，运用臂力垂直地运刀向下断开原料的刀法。

运用范围：

此刀法适用于加工形体较大或带骨的动物性原料，如整鸡、整鸭、排骨等。

操作方法：

①左手扶稳原料，右手持刀，将刀举起。

②用刀刃的中前部对准要砍的原料位置，如图所示。

③一刀将原料砍断。如此反复进行。

技术要求

右手握牢刀柄，防止脱手；将原料平放，左手扶料要离落刀点远一点，防止伤手。落刀要稳、准、狠，力求一刀砍断原料，尽量不重刀。

Tips 温馨提示

砍，一般用于处理带骨的或质地坚硬的原料。砍时手指要紧握刀柄，刀刃对准需断开的部位，用刀刃匀速斩开无骨原料。

2）跟刀砍

跟刀砍在操作时要求扶稳原料，刀刃垂直嵌牢在要砍的原料位置内，运刀时原料与刀同时上下起落，使原料断开。

运用范围：

这种刀法适用于加工脚、爪、猪蹄及小型的冷冻原料等。

操作方法：

①左手扶稳原料，右手持刀，用刀刃的中前部对准要砍的原料位置，嵌牢在原料内部。

②左手持原料与刀同时举起。

③用力向下砍断原料，刀与原料同时落下。如此反复进行。如右图所示。

技术要求

左手持料要牢，选好要砍的原料位置，将刀刃要紧嵌在原料内部，以保证原料不脱落，原料与刀同时举起同时落下，向下用力砍断原料，一刀未断开的，可连续砍数次，直至将原料完全断开为止。

Tips 温馨提示

跟刀砍多用于加工带骨原料，如猪蹄、猪头等，左右手要密切配合，双手持原料与刀同时举起，下落时左手在原料落在菜墩上时迅速离开。

3）拍刀砍

进行拍刀砍操作时要求右手持刀，并将刀刃架在要砍的原料位置上，左手半握拳或伸平，用掌心或掌跟向刀背拍击，将原料砍断。

运用范围：

这种刀法主要适用于加工圆形和椭圆形、体小而滑的原料，如鸡头、鸭头、酱鸭、鱼头等韧性原料。

操作方法：

①左手扶稳原料，右手持刀，刀刃对准要砍的原料位置。

②左手离开原料并举起。

③用左手掌心或掌跟拍击刀背，使原料断开。

技术要求

原料要放平稳，用掌心或掌跟拍击刀背时用力要充分。刀刃一定要放在原料要砍的部位，不可离开原料，可连续拍击刀背直至原料完全断开为止。

Tips 温馨提示

在砍鱼头或者其他原料时，一定要对准要砍的位置，并注意防止原料滑动，否则容易伤到手。

二、平刀法

平刀法是指刀与墩面平行、呈水平运动的刀工技法。此刀法用于加工无骨、富有弹性、强韧性的原料、柔软的原料或经熟煮后柔软的原料，是一种较为精细的刀工。这种刀法根据操作者运刀时的方法又可分为平刀直片、平刀推片、平刀拉片、平刀抖片、平刀滚料片等。

1.平刀直片

应用平刀直片法主要是为了将原料加工成片状，操作时可以将原料平放在菜墩上，刀身与墩面平行，刀刃中端从原料的右端入刀，一刀平片至左端断料为止。

运用范围：

适用于加工脆性原料、固体性原料，如土豆、黄瓜、胡萝卜、莴笋、冬笋、猪血等。

操作方法：

①将原料放置于墩面里侧，左手伸直，扶按原料，手掌和大拇指外侧支撑于墩面上；右手持刀，刀身端平，对准原料上端要片的位置。

②刀从右向左做水平直线运行，将原料片断。然后左手中指、食指、无名指微弓，并带动已片下的原料向左侧移动，与下面的原料错开5～10毫米。

③按此办法，使片下的原料片片重叠，呈梯形。

技术要求

刀身要端平，保持水平直线片原料，不可忽高忽低。运刀时，下压力要小，以免将原料挤压变形。刀膛要紧紧贴住原料从右向左运行，使片下的原料形状均匀一致。

2.平刀推片

平刀推片又称推刀批，是将原料平放在菜墩上，刀面与墩面平行，刀刃前端从原料的右下角平行进刀，然后由右向左将刀刃推入，片断原料的刀法。平刀推片根据应用者运刀时的特点又可细分为上片法和下片法两种。

1）上片法

上片法，即由原料上端起刀，平刀推片，将原料一层层地片开的刀法。

运用范围：

此刀法适用于加工韧性较弱的原料，如通脊肉、胡萝卜、鸡胸脯肉等。

操作方法：

①将原料放置于墩面里侧。左手扶按原料。右手持刀，用刀刃的中前部对准原料上端要片的位置。

②刀从右后方向左前方片进原料，如右图所示。原料片开之后，用手按住原料，将刀移至原料的右端。

③将刀抽出，脱离原料，用食指、中指、无名指捏住原料翻转，紧接着翻起手掌。

④随即将手翻回（手背向上），将片下的原料贴在墩面上，如此反复推片。

技术要求

刀要端平，用刀膛加力压贴原料，由始至终动作要连贯紧凑。随着刀的推进，左手的手指应稍翘起。一刀未将原料片开的，可连续推片，直至将原料片开为止。

2）下片法

下片法，即由原料的下端起刀，平刀推片，将原料一层层地片开的刀法。

运用范围：

此刀法适用于加工韧性较强的原料，如五花肉、坐臀肉、颈肉、肥肉等。

操作方法：

①将原料放置墩于面右侧，左手扶按原料，右手持刀，并将刀端平。

②用刀刃的前部对准原料要片的位置，用力推片，使原料移至刀刃的中后部，片开原料。

③随即将刀向右后方抽出，用刀刃前部将片下的原料一端挑起，左手随之将原料拿起，再将片下的原料放置在墩面上，并用刀的前端压住原料一端。

④用左手四个手指按住原料，随即手指分开，将原料平展开，使原料贴附在墩面上。

⑤如此反复推片。

技术要求

原料要扶稳，防止滑动，刀片进原料后，左手向下施加压力，运刀时用力要充分，尽可能将原料一刀片开。若一刀未断开，可连续推片直至原料完全片开为止。

3.平刀拉片

平刀拉片又称拉刀批，是指将原料平放在菜墩上，刀面与墩面平行，向左进刀，然后继续向左、下方运刀断料的刀法。

运用范围：

此刀法主要适用于体积小、嫩脆或细嫩的动植物原料，如莴笋、萝卜、蘑菇、猪肾、猪胃、鱼肉等。

操作方法：

①原料放置于墩面右侧，用刀刃的后部对准原料要片的位置。

②刀从左前方向右后方运行，用力将原料片开。

③刀膛贴住片开的原料，继续向右后方运行至原料一端，随即用刀前端挑起片下的原料一端。

④用左手拿起片下的原料，放置于墩面左侧，再用刀前端压住原料一端将原料抻直，并用左手于指按住原料，手指分开使原料贴附在墩面上。

⑤如此反复拉片。

技术要求

原料要扶稳，防止滑动，运刀时力度要适当，若原料未被一刀片开，可连续拉片，直至原料完全片开为止。

4.平刀推拉片

平刀推拉片又称平刀锯片，是一种将推刀片与拉刀片连贯起来的刀法。操作时，先向左前方运刀推片，接着运刀向右后方拉片，如此反复推拉片，使原料完全断开。

运用范围：

此刀法适用于体积较大、韧性强、筋膜较多的原料，如牛肉、猪肉等。

操作方法：

①先将原料放置于墩面右侧，左手扶稳原料，右手持刀，端平。

②先运用推刀片的方法，起刀片进原料，然后运用拉刀片的方法继续片料，将推刀片和拉刀片两种刀法连贯起来，反复推拉片，直至将原料全部片断为止。

③用左手拿起片下的原料，放置于墩面左侧，再用刀前端压住原料一端将原料抻直，并用左手手指按住原料，手指分开使原料贴附在墩面上。

④如此反复推拉片。

技术要求

刀要端平，用刀膛加力压贴原料，由始至终动作要连贯紧凑。随着刀的推进，左手的手指应稍翘起。右手运刀要充分有力，动作要连贯、协调、自然，否则原料滑动易伤手。若一刀未将原料片开，可连续推拉片，直至将原料片开为止。

5.平刀滚料片

平刀滚料片，是指刀面与墩面先垂直后平行，刀从右向左运行，原料向左或向右不断滚动，最后片下原料的刀法。根据进刀的位置不同，平刀滚料片可分为滚料上片和滚料下片两种。

1）滚料上片

滚料上片是指从原料上部进刀，用力使原料完全断开的刀法。

运用范围：

此刀法适用于加工圆柱形脆性原料，如黄瓜、胡萝卜、竹笋、莴笋等，通常用于原料的去皮。

操作方法：

①将原料放置于墩面里侧，左手扶稳原料，右手持刀与墩面平行，用刀刃的中前部对准原料要片的位置。

②左手将原料向右翻滚，刀随原料的滚动向左运行片进原料。

③刀与原料在运行时同步进行。

④直至将原料表皮全部片下为止。

技术要求

刀要端平，不可忽高忽低，否则容易将原料中途片断，影响成品规格；刀推进的速度与原料滚动的速度应保持一致。

2）滚料下片

滚料下片是指从原料下部进刀，用力使原料完全断开的刀法。

运用范围：

此刀法适用于加工圆形的脆性原料，如黄瓜、胡萝卜、莴笋、冬笋等；也适用加工近似圆形、锥形或多边形的韧性较弱的原料，如鸡心、鸭心、肉段、肉块等。

操作方法：

①将原料放置于墩面里侧，左手扶稳原料，右手持刀端平，用刀刃的中部对准原料要片的位置。

②左手将原料向左滚动，刀随之向左片。

③继续滚动原料，随原料滚动进刀。

④直至将原料表皮全部片下为止。

技术要求

刀膛与墩面应始终保持平行，运刀时不可忽高忽低，否则会影响成品的规格和质量；原料滚动的速度应与进刀的速度一致。

6.平刀抖片

平刀抖片是指将原料放置在菜墩上，刀面身与墩面平行，入刀后，刀身抖动呈波浪式地片断原料的刀法。

运用范围：

此刀法适用于柔软细嫩的原料，如猪肾、牛肾、豆腐干、皮蛋、鸡蛋糕等，主要起美化原料的作用。

操作方法：

①将原料放置于墩面右侧，刀膛与墩面平行。

②运刀时将刀刃上下抖动。

③逐渐片进原料。

④直至将原料片开为止。

技术要求

刀在上下抖动时不可忽高忽低，幅度要相等。

三、斜刀法

斜刀法是指运刀时刀面与墩面成锐角的一类运刀方法，通常用于将原料加工成片状，这种刀法按运刀的方向可分为正斜刀片、反斜刀片两种。一般要求右手执刀，刀面呈倾斜状，刀背高于刀口，刀与墩面成角度较小的锐角，刀刃从原料表面靠近左手手指的部位向下方斜着批入原料。

1.正斜刀片

正斜刀片操作时要求将刀身倾斜，刀背朝右前方，刀刃自左前方向右后方运行，将原料片开。

运用范围：

此刀法适用于加工各种韧性原料，如猪肾、净鱼肉、大虾肉、猪肉、牛肉、羊肉等，也可以用于加工白菜梆、油菜梆、扁豆等。

操作方法：

①将原料放置于墩面里侧，左手手指伸直扶按原料，右手持刀。

②刀自右前方向左后方运行，将原料片开。

③原料断开后，随即将左手手指微弓，并带动片开的原料向右后方移动，使原料离开刀。

④如此反复斜刀拉片。

技术要求

运刀时，刀膛要紧贴原料，避免原料黏连或滑动，刀身的倾斜度要根据原料成形规格灵活调整。每片一刀，刀与右手同时移动一次，并保持刀距相等。

2.反斜刀片

反斜刀片操作时要求刀身倾斜，刀背朝向左后方，刀刃自左后方向右前方运行。

运用范围：

反斜刀片适用于加工脆性原料，如芹菜、白菜等；对熟肚子等软性原料也可用这种刀法加工。

操作方法：

①左手扶按原料，中指第一关节微屈，并顶住刀膛，右手持刀。

②刀身倾斜，用刀刃的中前部位对准原料要片的位置。

③刀自左后方向右前方斜刀片进，使原料断开。

④如此反复斜刀推片。

技术要求

刀膛要紧贴左手关节，每片一刀，左手与刀向左后方同时移动一次，并保持刀距一致。刀身倾斜角度应根据原料加工成形的规格灵活调整。

Tips 温馨提示

斜刀法的主要要求是：

①左手手指按住原料要切的部位不使其移动，两手动作协调配合，一刀接一刀地片下去。

②对片的大小、厚薄和斜度的掌握，主要依靠两手的动作和落刀的部位，右手稳稳地控制刀的斜度及运刀方向。这种刀法一般适用于加工软质脆性和无骨韧性的原料，如熟肚子、肾等。

四、剞刀法

前面已讲过直刀法、平刀法和斜刀法，还有一种剞刀法。这种刀法在家常菜上运用较少，但却是厨师的基本功。剞刀法是在原料上进行切、片等操作，使其形成不同的有规则的花纹的技法。

剞刀法比较复杂，主要是把原料加工成各种美观、逼真的形象，如麦穗形、松果形、灯笼形等，因此又称之为花刀，用这种刀法制作出的美味佳肴，既能给人以美的艺术享受，又能为酒席增添光彩。这种刀法按运刀的方向可分为直刀剞、直刀推剞、斜刀拉剞、斜刀推剞等。

1.直刀剞

直刀剞类似于直刀切，要求刀面与墩面垂直，只是在运刀时不完全将原料断开。根据原料成形的规格，刀进到一定深度时停刀，可在原料上剞上直线刀纹，也可结合运用其他刀法加工出荔枝形、菊花形、柳叶形、十字形等形状的刀纹。

运用范围：

此刀法适用于加工脆性的植物原料，如黄瓜、冬笋、胡萝卜、豆腐干、莴笋等；同时也适用于加工质地较嫩的韧性动物原料，如猪肾、墨鱼、鱿鱼等。

操作方法：

①右手持刀，左手扶稳原料，中指第一关节弯曲处顶住刀膛，用刀刃中前部对准原料要剞的位置。

②刀自上而下做垂直运动，刀剞到一定深度时停止运行。

③施刀直剞，直至将原料剞完。

④剞刀完成后原料的效果。

技术要求

左手扶稳原料，手指从前向后移动，保持刀距均匀，控制好进刀深度，做到深浅一致。

2.直刀推剞

直刀推剞与推刀切相似，只是运刀时不完全将原料断开，留有余地，根据原料成形的规格，刀进到一定深度时停刀，在原料上剞上直线刀纹，也可结合运用其他刀法加工出荔枝形、松鼠形、麦穗形、菊花形等形状。

运用范围：

此刀法适用于加工各种韧性原料，如肾、猪胃、净鱼肉、通脊肉、鱿鱼、鸡肫、鸭肫、墨鱼等。

操作方法：

①左手扶稳原料，中指第一关节弯曲处顶住刀膛，右手持刀，用刀刃的中前部对准原料要剞的位置。

②刀自右后方向左前方运行，直至进到一定深度时停止进行。

③将刀收回，再次运刀推剞。

④如此反复进行直刀推剞，直至原料达到加工要求为止。

技术要求

刀面与墩面始终保持垂直，控制好进刀深度，做到深浅一致，左手从前向后移动，并使刀距均匀。

Tips 温馨提示

剞刀的主要目的在于缩短烹饪时间，使热量均衡穿透，使原料熟透，内外老嫩一致。

3.斜刀推剞

斜刀推剞与斜刀推片相似，只是运刀时不完全将原料断开，适当留有余地。根据原料成形的规格，刀进到一定深度时停刀，在原料上剞斜线刀纹，也可结合运用其他刀法加工出松果形、蓑衣形、麦穗形等形状。

运用范围：

此刀法适用于加工各种韧形原料，如猪肾、猪胃、通脊肉、鱿鱼、鸡肫、鸭肫等。

操作方法：

①左手扶稳原料，中指第一关节的弯曲处紧贴刀膛，用刀刃的中前部对准原料要剞的位置。

②刀自左后方向右前方运行，直至进到一定深度时停刀。

③将刀推回，再反复斜刀推剞，直至原料达到加工要求为止。

技术要求

刀面与墩面的倾斜角度及进刀深度要始终保持一致，刀距要均匀。

Tips 温馨提示

如下情况，可选剞刀法处理：原料较厚，不利于热量均衡穿透；原料表面过于光滑不利于裹汁；选用的原料应不易松散、破碎，并有一定的弹力，具有可受热收缩或卷曲变形的性能，可突出剞花刀纹的美感。

4.斜刀拉剞

斜刀拉剞与斜刀拉片相似，只是运刀时不完全将原料断开。根据原料成形的规格，刀进到一定深度时停刀，再在原料上剞上斜线刀纹，也可结合运用其他刀法加工出美丽多姿的麦穗形、灯笼形、锯齿形等形状。

运用范围：

此刀法适用于加工韧性原料，如猪肾、净鱼肉、通脊肉等。

操作方法：

①左手扶料，右手持刀，用刀刃的中部对准原料要剞的位置。

②自左后方向右前方运刀，进到一定深度时停止。

③把刀抽出，再反复斜刀拉剞。

④直到原料达到成形规格为止。

技术要求

刀面与墩面的倾斜角度及进刀深度要始终保持一致，刀距要均匀。刀膛要紧贴原料运行，防止其滑动。

Tips 温馨提示

剞刀的注意事项：

①根据原料的质地和形状，灵活运用剞刀法；

②花刀的角度与原料的厚薄与花纹的要求要一致；

③花刀的深度与刀距皆应一致；

④所剞花刀形状应符合热特性，区别应用。

五、其他刀法

除了上文所讲的几种刀法外，还有一些比较特殊的刀法。直刀法、平刀法、斜刀法和剞刀法通常用于原料的成形，而其他刀法则一般用于原料的初加工。常用的其他刀法有削、剔、刮、捶、剜、剖、背等。

1.削

削一般用于植物原料的去皮。根据用刀的方法不同，削可分为直削和旋削两种。

直削法：

用左手拿原料，右手持刀，刀身倾斜，刀口向外，两手配合去掉原料的外皮，如莴笋、茄子、土豆等。

旋削法：

一般使用水果刀，左手拿原料，右手持刀，采用旋转原料的方法，两手配合去掉原料的外皮，如苹果、梨等。

技术要求

削的时候要掌握好厚薄，精神要集中，看准部位，否则容易伤手。

2.剔

剔是对带骨原料进行去骨取肉的刀法，适用于鸡、猪、鱼等动物原料。

操作方法：

右手执刀，左手按稳原料，用刀尖或刀跟沿着原料的骨骼下刀，将其骨肉分离，或将原料中的某一部位取下。

技术要求

操作时刀路要灵活，下刀要准确；随部位不同可以交叉使用刀尖、刀跟；分部位要正确，取料要完整，剔骨要干净。

3.刮

刮是用刀将原料的表皮或污垢去掉的刀法。制蓉时可用这种刀法顺着原料筋络把肉刮下来，如制鱼蓉、鸡蓉等；也可用于将原料表皮的污垢刮净，一般用于原料的初步加工，如刮鱼鳞、刮去猪蹄等表面的污垢及刮去嫩丝瓜的表皮等。

操作方法：

操作时左手持料，右手持刀，将原料放在菜墩上，从左到右，将需要去掉的东西刮下来。

技术要求

操作时，刀身基本保持垂直，刀刃接触原料，横着运刀，掌握好力度，左手按料要稳，防止原料滑动。

4.捶

捶是用刀背将原料砸成泥蓉状的刀法，适用于加工质地细嫩的动物原料，如鸡胸脯肉、鱼肉、虾等。捶时可用一把刀，也可用两把刀一上一下进行排捶。

操作方法：

操作时，双手持刀，刀背向下，交替上下捶击菜墩上的原料。

技术要求

运刀时抬刀不要过高，用力不要过大。制蓉时要勤翻动原料，并及时挑出细骨或壳，使肉蓉均匀、细腻。

5.剜

剜是用小刀把原料挖空，以便于填进其他原料，适用于梨、苹果等。

操作方法：

操作时，左手抓稳原料，或将原料按稳在菜墩上，用刀尖或专用的剜勺，将原料要除去的部分剜去。

技术要求

操作时，刀具应旋转着进行，两手的动作要协调，剜去的部分大小要掌握好。

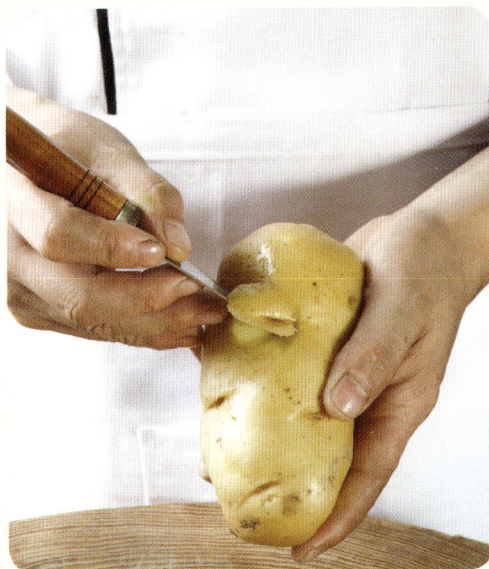

6.背

背又叫揿，是指用刀口把脆嫩的原料或经过初步熟处理的某些原料压成泥状的一种刀法。适用于加工马蹄、蒸或煮后的土豆、豆腐、蚕豆等。

操作方法：

将原料放在菜墩上，用刀身的一部分对准原料，从左向右在菜墩上磨抹，使原料成蓉泥状。

技术要求

刀身倾斜接近平行，用刀膛将原料背成泥。

7.剖

剖是指用刀将整形原料破开的刀法。如鸡、鸭、鱼等取内脏时先用刀将其腹部剖开。

操作方法：

操作时，右手执刀，左手按稳原料，将刀尖和刀刃或刀跟对准原料要剖的部位下刀划破。

技术要求

操作时，要根据烹调需要的原料规格，掌握好下刀部位和刀口的大小。

8、拍

指用刀拍破或拍松原料的一种刀法。将刀放平，用力拍击原料，使原料变碎或变平滑等。可将较厚的韧性原料拍成薄片，也可使新鲜调味料（如葱、姜、蒜等）的香味外溢；可使脆性原料（如芹菜、黄瓜等）易于入味；可使韧性原料（如猪排、牛排、羊肉等）肉质疏松鲜嫩。

操作方法：

操作时，右手将刀身端平，用刀膛拍击原料，因此又称为拍料。

技术要求

拍击原料时所用力度要根据原料的质地及烹调的要求加以掌控，以把原料拍松、拍碎、拍薄为原则，用力要均匀，一次未达到目的，可重复拍击。

第三章

刀法成形

学习完刀法，还要学会怎么利用刀法去完成一件原料的加工，这就涉及刀法成形的问题。所谓刀法成形，就是指运用各种不同的刀法将烹饪原料加工成形态各异、形象美观、宜于烹调和满足食用要求的原料形状。刀法成形不仅要求掌握刀法，还讲究各种原料的构成达到一定的工艺要求。按原料形状的构成，刀工大体上可分为整料出骨、基本工艺型、花刀工艺型三大类。

一、整料出骨

1.整料出骨的作用

1）易于成熟和入味

原料中的骨骼，在烹调时往往对热的传导和调味品的渗透有一定的阻碍作用，当在整料（如全鸡、全鸭）中镶入其他一些原料时，这种阻碍作用就会更加明显。因此，将骨骼在烹调前除去，就能使烹制的菜肴原料更容易烹熟和入味。

2）便于制作形态美观的高级菜肴

经过整料出骨后的鸡、鸭、鱼等原料，由于没有了骨骼的支撑，成为柔软的肉体，除了易于烹熟入味及保持形态完整外，更能装镶各种调料，便于整理其形状，使之成为形态美观的菜肴，如"椒盐八宝鸡"、"枕头鸭子"、"葫芦鸡"、"松子桂鱼"等。

2.整料出骨的要求

整料出骨具有较高的技术性和艺术性，是一项非常细致的工作，在操作时必须注意以下几个问题。

1）原料必须精细

整料出骨的原料要求肥壮肉多，大小适宜。例如，鸡应以饲养一年左右的肥壮母鸡为佳；鸭以8~9个月的肥壮母鸭为佳。因为过小过瘦的鸡或鸭脂肪不多，出骨时易破皮，烹制时皮也容易裂开；太老的则肉质较坚韧，若烹制时间短，则肉不易熟透，若烹制时间长，则肉熟过头了，皮又容易裂开；至于鱼类，也要以体重500克以上、新鲜肥厚的为佳。

2）对原料的初加工必须符合整料出骨的要求

①鸡、鸭宰杀后用热水烫毛时，水的温度不宜过高，烫的时间也不宜过长，否则出骨时容易破皮。鱼类在刮鳞时不可损伤鱼皮。

②鸡、鸭、鱼均不刮腹。鸡、鸭的内脏可在出骨时随躯干骨一齐取出，鱼的内脏可以在去鳃时一并取出。

③出骨时下刀的部位要力求准确。操作时，刀刃必须紧紧贴着骨头，出骨干净，尽量减少肉的损耗。鸡、鸭、鱼在出骨操作时都必须非常仔细，不可损伤外皮；如果皮不完整，不仅有损形态的美观，而且可能漏汁和漏馅。

3.整料出骨实例示范

鸡(鸭)整料出骨

　　利用鸡、鸭制作的菜肴难以计数，其价值各不相同，同样的原料烹调出的菜肴，价值高低，除了取决于辅料和调料的贵贱之外，再就是决定于工艺的难易程度。加大工艺的复杂性和技术的难度是提高菜肴价值的重要手段。整料出骨是一种工艺性较强、技术难度较大的原料加工技术。通过整料出骨制作的菜不仅可以提高营养价值，还能充分展示厨师的刀工技艺。

　　整鸡出骨之前，将鸡进行恰当的处理是十分必要的。就初加工而言，关键在于处理是否恰当。一般应做到：宰杀时放尽血液，以免鸡的皮下遭其污染，影响成菜质量；烫毛时水温和时间适度，以防鸡的表面发脆，在褪毛和出骨时破裂。对于刚宰杀的活鸡，要么在宰杀后15分钟内出骨，要么冰冻一段时间后再出骨。因为动物死后身体都会发生尸僵（或称僵直）、成熟（或称后熟）、自溶等几种变化。活鸡经宰杀后不久便会进入尸僵阶段。鸡身由柔软变得僵硬，鸡皮发脆，不便出骨；进入成熟阶段后，鸡的躯体又变得柔软而有弹性，这正是出骨所要求的。然而从尸僵转入成熟，在自然条件下所需时间较长，宰后速冻有助于缩短鸡的尸僵期。此外，在动刀进行整鸡出骨之前，最好用手将鸡的腿、翅膀及身体揉捏一下，使鸡体变得柔软点儿，以利于出骨。

　　整料出骨要达到预定的质量要求，操作技巧的运用特别重要。运刀操作时注意下刀准确，只割断肉骨相连的筋膜；力度适当，该轻就轻，该重就重；刀种正确，紧贴骨骼进行剔剜；用刀灵活，根据出骨过程中不同情况下的需要，刀跟、刀尖、刀刃（中刃）、刀背交叉变换，综合运用，另外还要注意刀和手的协调配合和交替使用。该用刀时则用刀，该用手时则用手，总而言之，整料出骨的操作应做到：在保证质量的前提下，整个动作熟练、简洁、准确，轻重适当，起伏连贯，具有节奏感和韵律感。

整鸡、整鸭的出骨技术比较复杂，要求比较精细。鸡和鸭的形体结构相似，出骨方法也基本相同，一般可分为以下几个步骤。

1）划开颈皮、砍断颈椎骨

（1）先在鸡的头颈处（两肩当中的地方）沿着颈骨直划一刀，将颈部的皮肉划开长约7厘米的一条刀口。

（2）把刀口处的皮肉用手掰开，将颈骨从刀口处拉出。

（3）在靠近鸡头的刀口处将颈骨斩断，注意刀口不可割破颈皮；也可先在鸡头宰杀的刀口处割断颈骨。

（4）再从7厘米的刀口中拉出颈骨。

2）出前肢骨

（5）从颈部刀口处将皮翻开。

（6）鸡头向下，再将左边的翅膀，连皮带肉缓缓向下翻剥，剥至臂膀骨关节露出。

（7）把关节上的筋割断，使翅膀骨与鸡身脱离；如法再将右边的翅膀骨关节割断。然后分别将翅膀的左右臂骨(翅膀的第一节骨)抽出斩断，翅膀桡骨和尺骨(翅膀的第二节骨)就可以不抽出了。

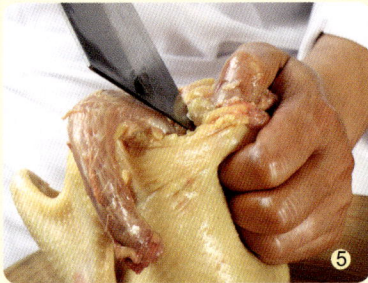
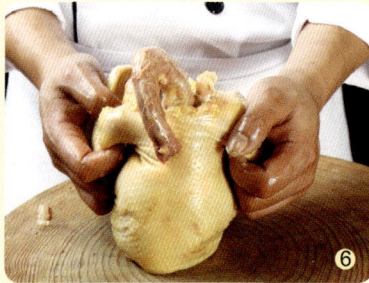

3）出躯干骨

（8）把鸡竖放，将背部的皮肉外翻剥离至胸、至脊背中部后，再将胸部的皮往外翻，剥离至胸骨露出，然后把鸡身皮肉一起外翻，剥离至双侧腿骨处，用刀尖将双侧腿骨(大腿骨)的筋割断。

（9）分别将两腿骨向背后部扳开，露出股骨关节，用刀尖将关节处的筋割断，使两侧腿骨脱离鸡身。

（10）再继续向下翻剥，直剥至肛门处。

（11）把尾尖骨割断，鸡尾应连接在皮肉上(不要割破鸡尾上的皮肉)。

（12）将肛门清洗干净。

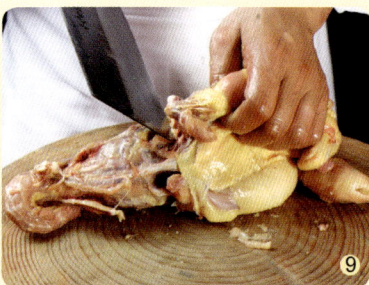

4）出后肢骨

（13）在髋臼处割断连接股骨头的韧带，分别沿左右股骨头往下翻剥至膝盖骨上端，将股骨斩断抽出。

（14）斩时要留一小节股骨连着膝盖骨，让其仍附着在皮层上，用以封闭皮层的膝关节，在镶馅时不致漏馅。

（15）在膝关节下端，留一小节胫骨、腓骨连着膝关节，起封闭作用。

（16）将小腿骨连皮带骨斩断。

（17）可将小腿的胫骨、腓骨也出尽；如无特殊要求，一般都不出小腿的胫骨、腓骨。

5）翻转鸡皮

（18）将鸡的骨骼出完。

（19）将鸡翻转，使鸡皮朝外，鸡肉朝内，这样在形态上仍为一只完整的鸡。

（20）完成整料出骨后，在鸡腹中加入馅料，经过加热后，形态仍然饱满好看，如"椒盐八宝鸡"。

鱼整料出骨

所谓鱼整料出骨，就是在保证鱼身、鱼皮等鱼的整体形态完整的前提下，用刀工技巧取出鱼的主要骨骼的处理方法。整鱼出骨以选用 500～700 克重、肉质肥厚的鱼为佳，如鳜鱼、鲤鱼、鲭鱼、黄鱼等。用于整鱼出骨的鱼必须是新鲜鱼或活鱼，否则出骨后不易成形。初加工刮鱼鳞时不可碰伤鱼皮，内脏可以不去（除骨时再去），如先去内脏须采用从鳃口处取的方法。鱼体组织比较松软，容易破碎，操作时更应小心谨慎，下刀准确，用力适度。整鱼出骨主要是为了能在鱼体内填充较多的馅料，而又不影响外观与烹调。整鱼出骨分开背出骨法、开腹出骨法、鳃部出骨法三种。

现在介绍其中的开背出骨法。此法简捷，易操作，利于快速出菜。烹制全鱼时，为了提高菜品档次与美化菜形，还可以在出骨后的鱼肉上剞出各种花刀，使其变化出许许多多的优美造型，令人眼界大开、食欲倍增。

（1）将鱼头向自己，脊背向右，鱼腹平放菜墩中央，左手用力按住鱼腹。

（2）右手持刀由鱼的脊背横片进去。

（3）从鳃后片至鱼尾部，片成一条刀缝。

（4）左手向后轻拉，使刀缝张开。

（5）贴脊椎骨继续片过胸骨。

（6）将脊椎骨与胸骨连接处割断。

（7）如法将另一侧的脊椎骨与胸骨割断。

（8）清除内脏。

（9）将靠近鱼头和鱼尾处的脊椎骨斩断取出，但要求鱼头、鱼尾仍与两侧的鱼肉相连。

（10）将鱼头朝外，鱼腹靠左手，鱼背靠右手，鱼身平放在菜墩上。翻开鱼肉，使胸骨根端露出。将刀略斜，紧贴胸骨往下片入，使胸骨（鱼刺）脱离鱼肉。

（11）如法将另一侧的胸骨片去后，再将鱼身合起，仍然保持鱼的完整形态。

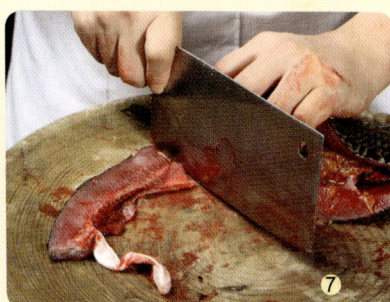

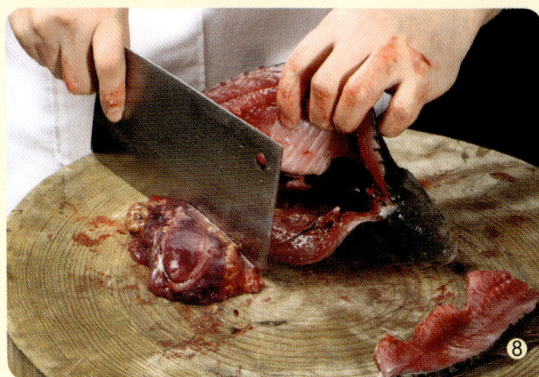

二、基本工艺型

基本工艺型是指工艺程序简单，易于成形的原料经刀工处理后的形状。基本工艺型要求规格多样，大体上可分为块、片、丝、条、粒、米、蓉、球、丁、末、段等。

1.块

块，是烹调中常用的形态之一，主要用直刀的切、砍（剁、斩）加工而成。一般来说，质地松软、脆嫩无骨、无冰冻的原料可采用切的方法，例如蔬菜、去骨去皮的各种肉类都可运用直切、拉切、推切等刀法加工成块。而质地坚硬、带皮带骨或冰冻过的原料则需用砍的刀法加工成块。由于原料本身的限制，有的块形状不规则，如鸡块、鸭块等，但应尽可能地使块的形状大小均匀。块的大小依烹调时间长短而定，用于长时间加热的块应大些，譬如用于烧、焖、扒、炖等加热方法时；用于短时间加热的块应小些，譬如用于滑炒、生炒、炸等加热方法时。带骨的原料应小些。对于较大的块则应用力拍松或剞上花刀，以便于能更快地入味，缩短加热时间。

块的种类很多，常见的有滚刀块、菱形块、瓦块、骨牌块、大方块、小方块、斧头块等。

1）滚刀块

此块形又称滚料块，一般把圆形、圆柱形的原料加工成滚刀块，如土豆、茄子、茭白、竹笋、莴笋等。不过，成形的原料多用于烧制菜中的辅料，例如"青笋烧鸡块"中的青笋块。

加工方法

选用长圆形的原料，将其在滚动中斜刀切成均匀的、不规则的菱形块。

2）菱形块

加工方法

先将原料切成2厘米见方的条状，再斜刀切成厚1厘米的菱形块。

3）骨牌块

该块形似骨牌，多用于小火、多汁的烹调方法，如"土豆烧牛肉"、"红烧排骨"等。

加工方法

先把原料切成约2厘米厚、4厘米宽的大片，再按规定的长度改刀成条或段，然后切成约2厘米宽的骨牌块。

4）小方块、大方块

原料被加工成的四方形。小方块约2厘米见方，如"红烧猪肉"的肉块，如牛肉、羊肉、鸡肉等在烧制菜肴时亦多切成此形状。大方块为4～6厘米见方，如"红烧四喜肉"中的肉块。

加工方法

根据原料的质地，先按规格的边长切或斩成段，再按原来长度改刀成块。

5）劈柴块

原料被加工后形似劈柴的斧头，长度大小在6.5厘米左右。该块形主要用于纤维组织较多的茎菜类蔬菜，如冬笋、茭白等。鱼类菜肴也多用此块形成菜，如"红烧鱼块"等。

加工方法

先将原料顺长切为两半，然后按长方块的成形加工成块。

2.片

片有多种成形方法，但大多数是用直刀法中的切和平刀法中的片加工而成的。一般来说，脆性原料如蔬菜类、瓜果类等可用直刀切；若是韧性原料，可采用推刀切、拉刀切、锯刀切等方法；质地较松软、直切不易切整的原料及本身较薄无法直切的原料，可采用片的刀法。片的规格多样，大小厚薄不同。片的形状根据烹调需要而定，常见的有如下几种。

1）长方片

长方片可分为大片和小薄片两种。大片长5厘米、宽3.5厘米、厚0.2厘米；小薄片长4厘米、宽2.5厘米、厚0.1厘米。

运用范围：

此片形适用于加工土豆、萝卜、黄瓜、豆腐干、草鱼肉、猪肾、猪胃等原料。

加工方法

先按规格将原料加工成段、条或块，再用相应的刀法加工成片。

2）指甲片

该片大小如指甲，厚约0.2厘米。

运用范围：

此形状适用于加工脆性的菜梗、生姜或圆形、圆柱形的原料。

加工方法

一般用直切或斜刀片的刀法，把圆柱形原料一切二，如大小合适，就用直切的刀法切成指甲片；如半径不够，则用斜刀片的片法将原料片成指甲片。

3）柳叶片

柳叶片一头尖、一头半圆，薄而狭长，长5～6厘米、厚0.1～0.2厘米，形如柳叶。将圆柱形原料如黄瓜、红肠、胡萝卜等顺长从中间剖开，再斜切成柳叶片。

运用范围：

此形状常用于冷盘材料的加工，也用于炒制菜肴，如"青椒炒肉柳"等。

加工方法

先把原料竖切成1.5厘米厚的大片，再竖着将片的一边片薄（尖形头），一边片成半圆形，再斜刀（片长约6厘米）切成0.2厘米厚的片，即成柳叶片。

4）象眼片

象眼片又叫菱形片，长约3.3厘米，宽约2厘米、厚0.3厘米。因其形似大象的眼睛，故称为象眼片。

运用范围：

此片形常用作炒制菜肴的辅料，如"黄瓜炒肉片"中的黄瓜片，"青笋炒肉片"中的青笋片等。

加工方法

可先加工成菱形块后再片或切成菱形片，或先加工成整齐的长方条，再斜切成菱形片。

5）夹刀片

夹刀片又叫活页片。

运用范围：

此片形主要用于加工酿制的菜肴，如"煎酿莲藕夹"、"红烧茄子夹"等。

加工方法

将原料直切一刀，留一部分相连不切断，再一刀切断，使之成为连在一起的片。

6）月牙片

此片因改刀后形似月牙而得名，厚度为0.1～0.2厘米。

运用范围：

此片形多用于加工圆柱形原料，如黄瓜、萝卜等。

加工方法

整条原料竖着破开，再斜刀切成0.2厘米厚的片，即成月牙片。

7）梳子片

梳子片是原料经过刀工处理后，其形似木梳。

运用范围：

此片形原料多用于炒、拌菜肴，如"炒腰片"、"红油拌腰片"等。

加工方法

以猪肾为例：把猪肾横着片开，片去肾髓，然后竖着直刀切，刀深是猪肾厚度的2/3，刀距是0.3厘米，再平刀将猪肾片成一边相连、一边成花刀形的梳子片。

3.段

段的形状比条粗，是运用切、砍（剁、斩）等方法加工制成的。粗段直径约1厘米、长约3.5厘米；细段直径约8毫米、长约2.5厘米。加工脆性原料时段应细一些，加工韧性原料时段应粗一些、长一些。带骨的鱼段则应更长一些（如红烧中段），但需要在原料上剞上刀纹，以易于烧熟和入味。段的长短无硬性要求，可以结合实际，灵活掌控。常见的有黄鳝段、带鱼段、豇豆段、刀豆段、葱段等。

加工方法

根据原料的特性和要求，选择合适的长度，用直刀法中的切或砍法加工即可。

4.丁

丁以方形的为多，根据烹调和菜肴特点还可灵活加工成菱形丁、橄榄形丁、指甲形丁等。一般大丁约2厘米见方，小丁约1.2厘米见方。充当辅料的丁比主料丁小，常见菜式有"宫保鸡丁"、"青椒肉丁"、"酸辣藕丁"等。丁有以下几种常见的形状。

1）骰子形丁

骰子形丁又叫正方丁，大丁为边长1.5厘米的正方体；中丁为边长1.2厘米的正方体；小丁为边长0.8厘米的正方体。

运用范围：

此丁形适用于加工各种韧性、脆性、软性原料，可用于制作"酱爆肉丁"、"宫保鸡丁"等菜肴。

加工方法

先按规格要求的边长切成条，再按原来的长度改刀成丁。

2）菱形丁

菱形丁如同正方丁，也有大中小之分。

运用范围：

各种脆性、软性原料均可加工成菱形丁，如青辣椒、萝卜、西芹、香菇、蛋白糕、蛋黄糕等。

加工方法

先将原料片成厚片，再改刀成条，然后呈45度角斜切成菱形丁。

5.粒

粒比丁更小，根据其大小，通常可分为黄豆粒、绿豆粒、米粒等，其刀工精细，成形要求高，多用于较高档菜肴的原料成形。黄豆粒的规格为边长约0.5厘米的正方体，如"锦绣肚仁"的肚仁成形即为黄豆粒；绿豆粒的规格为边长0.3厘米的正方体，如"松仁鱼米"中的鱼米成形即为绿豆粒；米粒的规格为边长0.2厘米的正方体，如"太极豆腐"中的豆腐成形即为米粒。

加工方法

粒与丁基本相似，先由片改刀成条或丝，再改刀而成，条或丝的粗细决定了粒的大小。

6.末

末比粒更为细小，形状一般不很规则，是通过直刀剁加工完成的。

运用范围：

末一般可用于制作肉丸、肉馅、姜末、蒜末等。

加工方法

可将原料切成丁后，再用剁的刀法加工成末。

7.蓉泥

蓉泥是极为细腻的原料形状，一般来说，动物性原料加工到最细的状态为蓉，如鸡蓉、鱼蓉、虾蓉等；植物性原料加工到最细的状态为泥，如菜泥、豌豆泥、土豆泥等。

加工方法

动物性原料在制蓉前要去皮、去骨、去除筋膜。虾、鸡、鱼这几种原料纤维细嫩，质地松软，加工时可先用刀背捶松，抽去暗筋或细骨，然后用刀刃稍排剁几下即成。

Tips 温馨提示

植物性原料在制泥前一般要经过初步热处理，含淀粉高的植物性原料要先煮熟去皮，然后用刀膛按成泥状，如土豆泥。有时为提高工作效率，可用粉碎机制作蓉泥。

8.丝

菱丝呈细条状，是运用片、切等刀法加工而成的。成丝时先将原料片成大薄片，再切成丝状。粗丝直径约3毫米、长4～8厘米，细丝直径小于3毫米、长2～4厘米。

成丝时要注意以下几点。

（1）用于滑炒、滑熘的丝应细些，用于干煸、清炒的丝应粗些。

（2）在切丝时，用左手按住原料使其不能滑动，否则原料成形后就会出现大小不等，粗细不匀等现象。

（3）根据原料质地确定丝的肌纹。原料肉的纤维老且筋络较多的应该顶着肌肉纤维切丝，切断纤维；猪、羊肉肌肉纤维细长、筋络也较细较少，一般应斜着肌纹或顺着肌纹切丝；鸡肉、猪里脊肉质地很嫩，必须顺着肌纹切丝，否则烹调时易碎。

加工方法

首先将材料切成片（较薄的材料如豆腐皮等则无须切成片），再以直刀法直刀切、推刀切或者拉刀切成丝。丝可一次叠数片来切，方法有以下三种。

（1）瓦楞形叠切法。将一片片材料叠如瓦楞，斜排。层勿过多，叠成4～5层即可。此法是应用最广的叠法，材料切到最后也不会溃散。

（2）砌砖形叠切法。为整齐叠积每片材料的切法。这种叠法须使材料每片的大小与形状一样。缺点是切到最后因手难以支撑，以致其叠切的形状溃散。

（3）卷筒形叠切法。将片卷成圆筒状，适用于加工面积较宽、质薄而坚韧、富于弹性的材料，如豆皮、蛋饼等。切成丝后若过长，再横切1～2刀，使其长度适当。

9.条

做凉拌菜时，常常需要将原料加工成条形，如黄瓜条、萝卜条等。条形原料搭配相应的酱料食物，非常美味。

条比丝粗，成形方法为：首先用切、片的刀法将原料切、片成大厚片，然后再切成条。

如下图所示：

1）筷梗条

此条长4～6厘米，宽和厚为0.5厘米，形如筷子。一般适用于制作挂糊的菜肴，如"酥炸鱼条"。

2）小指条

此条长4.5厘米，宽和厚为1厘米左右，如小指粗。如"油焖笋"、"干烧茭白"等菜肴，都将原料加工成小指条。

3）大指条

此条长4～6厘米，宽和厚为1.2厘米，如大拇指粗。如"糖醋排条"、"姜汁黄瓜条"等菜肴的原料均为大指条。

10.球

加工过程比较烦琐，平时家常做菜时较少用到。制作藕丸、肉丸时需要制成圆形。

所谓球，顾名思义，为圆球状，大小可根据烹调及成品要求而定。大球直径约2.5厘米，小球直径1.5～2厘米。制球时，球体大小要一致，表面应光滑均匀。适用于加工脆性原料，如"软熘冬瓜球"、"烧三素"等。

加工方法

一种是用刀具加工而成，即先将原料加工成大方丁，然后再削修成球状；一种是用半圆形的挖球器加工而成，将挖球器旋入原料，转一圈即成。

（1）把原材料先切成方块；

（2）把方块的四个角削去；

（3）慢慢削成圆球形；

（4）也可以用挖球器旋转挖出圆球形（即旋法成球）。

三、花刀工艺型

一道完美的菜肴，不单要求其味道鲜美，还要求其外观精美。所谓色、香、味、美齐全，指的就是这个。作为一个厨师，学习花刀工艺是非常必要的。

花刀工艺是美化原料，使其成形的刀法技术，是指运用不同的刀法在原料表面上剞成横的、竖的、斜的、深而不透的刀纹，使韧性原料加热后质地脆嫩，成熟一致，并卷曲成各种美丽的形状的技术。其形状既有大型的松鼠形、葡萄形、蛟龙形等，也有小巧玲珑的菊花形、核桃形、荔枝形等。刀法美化的工艺程序复杂，技术难度较高，下面本书将选择一些有针对性的形状加以介绍。

1.斜一字花刀

斜一字形花刀一般运用斜刀拉剞或直刀推剞的方法制作而成，适用于加工肉质较厚的鱼类，如青鱼、草鱼、鲈鱼、黄鳝、河鳗等，用于干烧、红烧、清蒸等烹调方法，制作的菜肴如"清蒸鳜鱼"、"红烧鲤鱼"等。加工时要求刀距均匀、刀纹深浅一致。鱼的背部刀纹要相对深些，腹部刀纹要相对浅些。

斜一字形是比较简单但实用的花刀形，易学易做，在家常烹饪中经常用到，可使食材更容易入味。

操作方法：

①将杀好的鱼放于菜墩上；

②在鱼身的一面剞上斜一字形排列的刀纹，刀距一般为1～2厘米；

③再在鱼身的另一面同样剞上斜一字形排列的刀纹。

2.柳叶花刀

柳叶形是在整鱼身体的两面用斜刀推剞或刀尖拉剞的刀法制作而成的花刀，适用于加工体表较宽的鱼类，如鲳鱼、鳊鱼等。此花刀形适用于汆、蒸等烹调方法，如"清蒸鳊鱼"、"汆鲫鱼"等。

操作方法：

①先在鱼身左侧中央由头至尾顺长用直刀剞上一条直刀纹；

②以此刀纹为起点，等距的在鱼背上直刀剞上3～5条斜直刀纹；

③顺着背部斜直刀纹的起点，在腹部剞上斜直刀，依上法再剞好右侧。烹调后鱼身刀纹翻起呈柳叶脉纹状。

3.十字花刀

十字形是在整鱼身体的两面，用直刀剞刀法制作而成的花刀。十字形花刀种类很多，有十字形、斜双十字形、多十字形等。一般鱼体大而长的剞十字形花刀，刀距可密些；鱼体小的剞十字形花刀，刀距可大些。十字形花刀适用于干烧、红烧、白汁等烹调方法，如"干烧鳜鱼"、"红烧鲢鱼"等。

操作方法：

①在鱼身的两面先用直刀剞的刀法剞成一条条平行的直刀纹；

②将鱼身转90度，仍用直刀剞的刀法，剞成一条条与直刀纹成直角相交的平行直刀纹；

③令所剞刀纹交叉成十字，间距一般为0.5～1.5厘米，深度以碰至鱼骨、不剞破鱼肚为宜，背部刀纹要比腹部刀纹深些。

4.葡萄花刀

葡萄花刀是用直刀割刀法制作而成的花刀，常用于加工整块的鱼肉原料，适用于炸、熘等烹调方法。

操作方法：

①选用长约12厘米、宽7～8厘米的带皮鲳鱼肉；

②呈45度对角直刀剞，深度为原料厚度的5/6，刀距为1.2厘米；

③把鱼肉换一角度，仍用直刀剞的刀法，剞成与第一次所剞的刀纹成直角相交的平行刀纹，刀距和深度与第一次相同。加热后形如一串葡萄，如用青辣椒做成葡萄叶和藤就更为逼真了。

  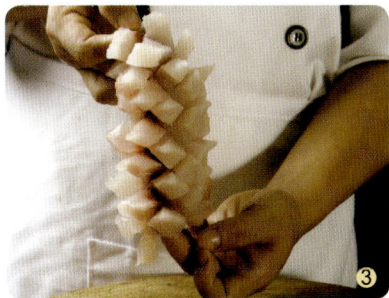

5.牡丹花刀

牡丹花刀又称翻刀形花刀，是用斜刀（或直刀）剞和平刀剞的方法制作而成的。牡丹形花刀常用于加工体大而肉厚的鱼，如大黄鱼、青鱼、鲤鱼等，适用于脆熘、清蒸、软熘等烹调方法，制作的菜肴如"糖醋黄鱼"等。加工时要求原料应选择净重1 200克左右的鱼，每片大小要一致，每面剞刀刀数要相等。

操作方法：

①在鱼身左侧，由头部胸鳍后下刀，直刀剞至鱼脊骨；

②将刀身放平，贴鱼骨向头部推片到鱼眼处，每隔4厘米以直刀剞刀法剞至鱼骨；

③放平刀身向前推片3厘米，留6毫米相连（一般500克重的鱼剞5～6刀）；

④照上法将鱼身两侧剞好。烹调后鱼身卷起一瓣一瓣如牡丹花瓣形。

6.松鼠鱼花刀

松鼠鱼花刀是运用斜刀拉剞、直刀剞等刀法制作而成的，常用于加工大黄鱼、青鱼、鳜鱼等原料，适用于炸、溜等烹调方法，如"松鼠黄鱼"、"松鼠鳜鱼"等。加工时要求刀距、深浅、斜刀角度都要均匀一致，原料以选择净重1 000克左右的鱼为佳。

操作方法：

①用直刀刀法剁去鱼头；

②沿鱼的脊椎骨用平刀推片至鱼尾处停刀，使鱼肉与主骨分开；

③将鱼翻身，以同样方法片出另一片鱼肉，斩去脊椎骨；

④用拉刀剞的刀法将鱼肉剞出一条条平行的斜刀纹，运刀至鱼皮停刀，刀距3厘米；

⑤将鱼肉转90度，用直刀剞的刀法剞出一条条与斜刀纹成直角相交的平行直刀纹，深度至鱼皮，刀纹间隔1厘米；

⑥用上述方法，将另一侧的鱼肉也剞一遍，最后用刀面将鱼头拍松，并劈齐修圆，注意刀面要光滑；

⑦ 将鱼尾从鱼肉中间翻穿过来，烹熟后即呈为松鼠形。

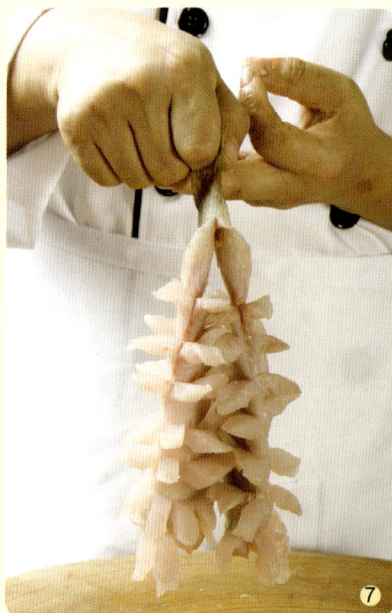

7.菊花花刀

菊花花刀是运用直刀推剞的刀法加工制成的，常用于加工净鱼肉、鸡肫、鸭肫等原料。要求刀距均匀、刀纹深浅一致，要选择肉质稍厚的原料。制作菊花鱼时，因鱼是较细嫩的原料，鱼皮不能去掉，否则易碎。

操作方法：

①将鸡肫剖开，去除衣膜；

②用直刀剞刀法，将鸡肫剞上横竖交错的刀纹，深度为原料厚度的4/5，刀距为0.1厘米；

③把鸡肫转一个角度，仍用直刀剞的刀法，剞出一条条与第一次刀纹垂直相交的平行刀纹，深度仍为原料厚度的4/5，刀距也是0.1厘米；

④将剞上花刀的鸡肫再改刀成块，加热后即呈菊花状。

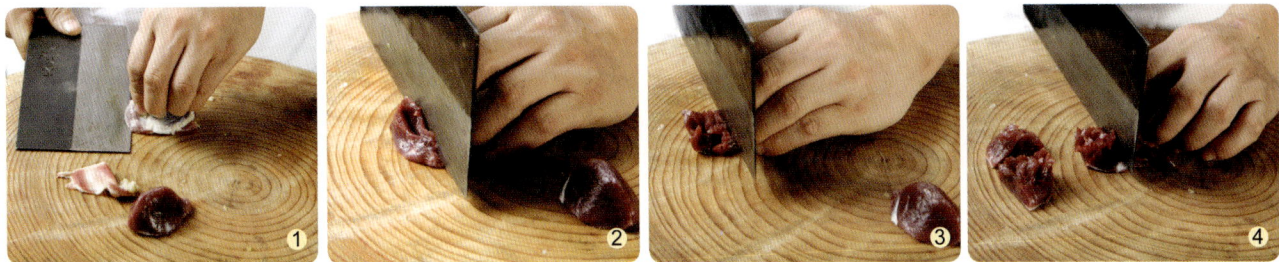

8.麦穗花刀

麦穗花刀是运用直刀剞和斜刀推剞的方法制作而成的花刀，常用于加工墨鱼、鱿鱼、猪肾、猪里脊肉等原料。长者称大麦穗，短者称小麦穗，其加工方法基本相同。大小麦穗的主要区别在于麦穗的长短变化。大麦穗剞刀的倾斜角度越小，麦穗越长；麦穗剞刀倾斜角度的大小应视原料的厚薄灵活调整。

操作方法：

①用斜刀推剞刀法在鱿鱼内侧剞上一条条平行的刀纹，深度为原料厚度的2/3；

②将原料转一个角度，用直刀剞的刀法剞出一条条与斜刀推剞刀纹成直角相交的平行刀纹，深度为原料厚度的2/3；

③改刀成长4～5厘米、宽2～2.5厘米的长方块。加热后即呈麦穗状。

9.荔枝花刀

荔枝花刀是运用直刀推剞的方法加工制成的，一般用于加工鱿鱼、墨鱼、猪肾等原料，如制作"荔枝鱿鱼"、"芫爆腰花"等。加工时要求刀距、深浅、分块均匀一致；用于鱿鱼、墨鱼时，花刀必须剞在原料的内侧，否则加热后不会卷曲成美观的形状。

操作方法：

①在猪肾内侧（已去掉肾髓）先用直刀剞的刀法制成花纹；

②将原料转一个角度，用直刀剞的刀法，剞出与第一次刀纹成45度角相交的花纹；

③改刀成边长约为3厘米的等边三角形块或边长为2厘米的菱形块，加热后原料会卷曲成荔枝形。

10.蓑衣花刀

蓑衣花刀是利用直刀剞和斜刀剞法在原料两面剞上刀纹制作而成的花刀，加工时要求刀距、进刀深浅、分块均匀一致。适用于加工黄瓜、冬笋、莴笋、豆腐干等原料，多用于制作冷荤，如"糖醋蓑衣黄瓜"、"红油豆腐干"等。

操作方法：

①先在原料一面直刀（或推刀）刀法剞上一字形刀纹，刀纹深度为原料厚度的1/2；

②在原料的另一面采用同样的刀法，剞上一字形刀纹，刀纹深度为原料厚度的1/2；

③完成后成蓑衣花刀。

11.兰花花刀

兰花花刀又称鱼网形花刀，是在原料两面用直刀剞的刀法制作而成的，花纹交叉如兰花草，常用于豆腐干、黄瓜、墨鱼、鲍鱼等原料的加工。

操作方法：

①削去豆腐干四周的硬边，在反面用直刀剞上一条条与边平行的刀纹，刀距为0.3厘米，深度为原料厚度的2/3；

②将豆腐干翻过来，在正面仍用直刀剞上与反面刀纹成30度夹角的刀纹，刀距仍为0.3厘米，深度也是原料厚度的2/3；

③用筷子将豆腐干拉开放入油锅炸，待定型后即呈兰花形。

12.玉翅花刀

玉翅花刀是运用平刀片和直刀切的方法制作而成的，常用于加工冬笋、莴笋等原料，可制作成"葱油玉翅"、"白扒玉翅"等菜肴。

操作方法：

①先用直刀刀法将原料加工成长约5厘米、宽约3厘米、厚约1.5厘米的长方块；

②平刀横片进原料，深度为原料的4/5，片成若干片；

③再用直刀刀法切成连刀丝，制作成玉翅形。

13.麻花花刀

麻花花刀是将原料用片、切的刀法，经穿拉制作而成的，常用于加工鸡胸脯肉、鸭肫、猪肾、猪里脊肉等原料，代表菜式有"麻花腰片"。

操作方法：

①先将原料片成长4.5厘米、宽2厘米、厚0.3厘米的片；

②在原料中间顺长划开长约3.2厘米的口，再在中间缝口的两边各划一道2.8厘米长的口；

③用手抓住两端并将原料一端从中间缝口穿过，即成麻花形。

14.凤尾花刀

凤尾花刀又称佛手形花刀，是运用直刀切配合弯卷手法制作而成的，主要用于制作冷拼或点缀围边，适用于加工黄瓜、冬笋、胡萝卜等原料。

操作方法：

①将黄瓜顺长一剖两半；

②将原料横断面的4/5斜切成连刀片；

③每切5～11片为一组，将原料断开；

④将原料隔片弯卷，两头的两片不卷；如此反复加工，即成凤尾形。

15.梳子花刀

梳子花刀又称鱼鳃形花刀，是用直刀剞和直刀切（或斜刀片）的刀法制作而成的，主要适用于加工墨鱼、鱿鱼、茄子、猪肾、黄瓜等原料，用于制作"拌鱼鳃腰片"、"炒鱼鳃茄片"等菜肴。

操作方法：

①先用直刀剞的刀法剞出一条条平行的刀纹，深度为原料厚度的2/3，刀距为0.2～0.3厘米；

②将原料转一个角度，用拉刀剞一刀与直刀纹垂直而平行的斜刀纹；

③第二刀片断，成连刀片，原料加热后即呈鱼鳃形。

16.灯笼花刀

灯笼花刀是运用斜刀拉剞和直刀剞的刀法加工制成的。此花刀形适用于加工鲜鲍鱼、猪肾、鱿鱼等原料，用于制作"炒腰花"、"浓汤鲜鲍鱼"等菜肴。

操作方法：

①先在原料的一面用直刀剞刀法剞上深度为原料厚度2/3的一条条刀纹；

②翻转原料，在头尾两端用斜刀剞刀法分别剞上两条深度为原料厚度2/3的垂直刀纹；

③将原料小心地翻转成灯笼形即可。

  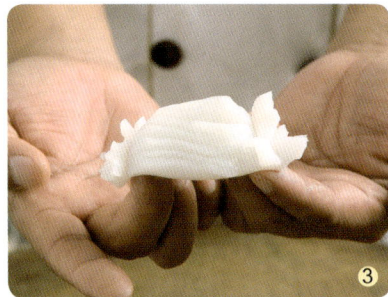

17.如意花刀

如意花刀又叫如意丁，是运用刀刃前端在原料四面各切两刀加工制成的。此花刀形适用于加工黄瓜、南瓜、莴笋、胡萝卜等原料，多用于菜肴的围边或充当辅料。

操作方法：

①将原料加工成2厘米见方的大丁；

②在丁的四面均切上两刀，深度为原料厚度的1/2；

③用手掰开方丁，即分成两个如意丁。

18.剪刀花刀

剪刀花刀是运用直刀推剞和平刀片的刀法加工制成的。适用于加工黄瓜、冬笋、莴笋等原料，多用于调料或菜肴点缀及围边装饰。加工时要求刀距、交叉角度、大小、厚薄均匀一致。

操作方法：

①分别用刀在两个长边1/2处片进原料（两刀进刀相对，但不能片断）；

②运用直刀推剞的刀法在两面均匀地剞上宽度一致的斜刀纹，深度是原料厚度的1/2；

③用手拉开，即分成剪刀形片（或块）。

19.花枝形花刀

花枝花刀又叫蝴蝶片，是运用斜刀拉剞和斜刀片的方法制作而成的，因形如花瓣，又像蝴蝶，故名。此法适用于加工韧性或脆性原料，如鸭肫、鸡肫、鱿鱼、墨鱼、青鱼、黑鱼、茄子、土豆、茭白等。

操作方法：

①先用力将原料切成5厘米宽的条；

②将原料顺长横放，用拉刀剞的刀法，第一刀用斜刀拉剞，至皮停刀；

③第二刀用斜刀片的刀法将原料片断，这样一刀不断一刀断就成为面分底连的片；

④加热后其形如花瓣，又似蝴蝶。

20.梭子花刀

梭子花刀的原料成形，是运用直刀推剞的刀法加工制成的。适用于加工墨鱼、鱿鱼等原料，加工时要求刀距、大小、厚薄均匀一致。

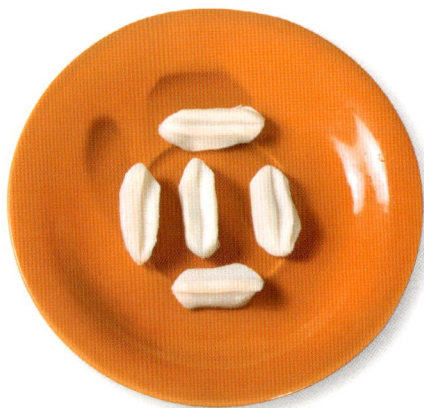

操作方法：

①以斜刀片的刀法将原料片去两端，使之呈梯形；

②将原料翻转90度，以直刀剞的刀法，剞出两条深度为原料厚度4/5的刀纹；

③切断原料，加热后自然翻卷成梭子形。

21.各种平面花边形

平面花边形花式多样、形态逼真，成形方法是先将原料加工制成象形坯料，再横切成形，适用于加工黄瓜、土豆、南瓜、萝卜、火腿肠、莴笋、生姜、冬笋等原料。多充当中、高档菜肴的调料，也可用于冷荤造型、点缀、围边装饰。加工时要求成形的原料工艺细腻、棱角分明、大小一致、长短相等、薄厚均匀。

平面花边形主要有以下几种：梅花片、麦穗片、齿牙圆片、多棱三角片、三棱形片、四棱长方片、秋叶形片、鱼形片、玉兔形片、飞鸽形片、蝴蝶片、翅尾片、翅羽月牙片、齿边椭圆片、齿边棱形片、齿边长方片、四棱十字片、寿字形片。

寿形片的加工步骤如下图所示：

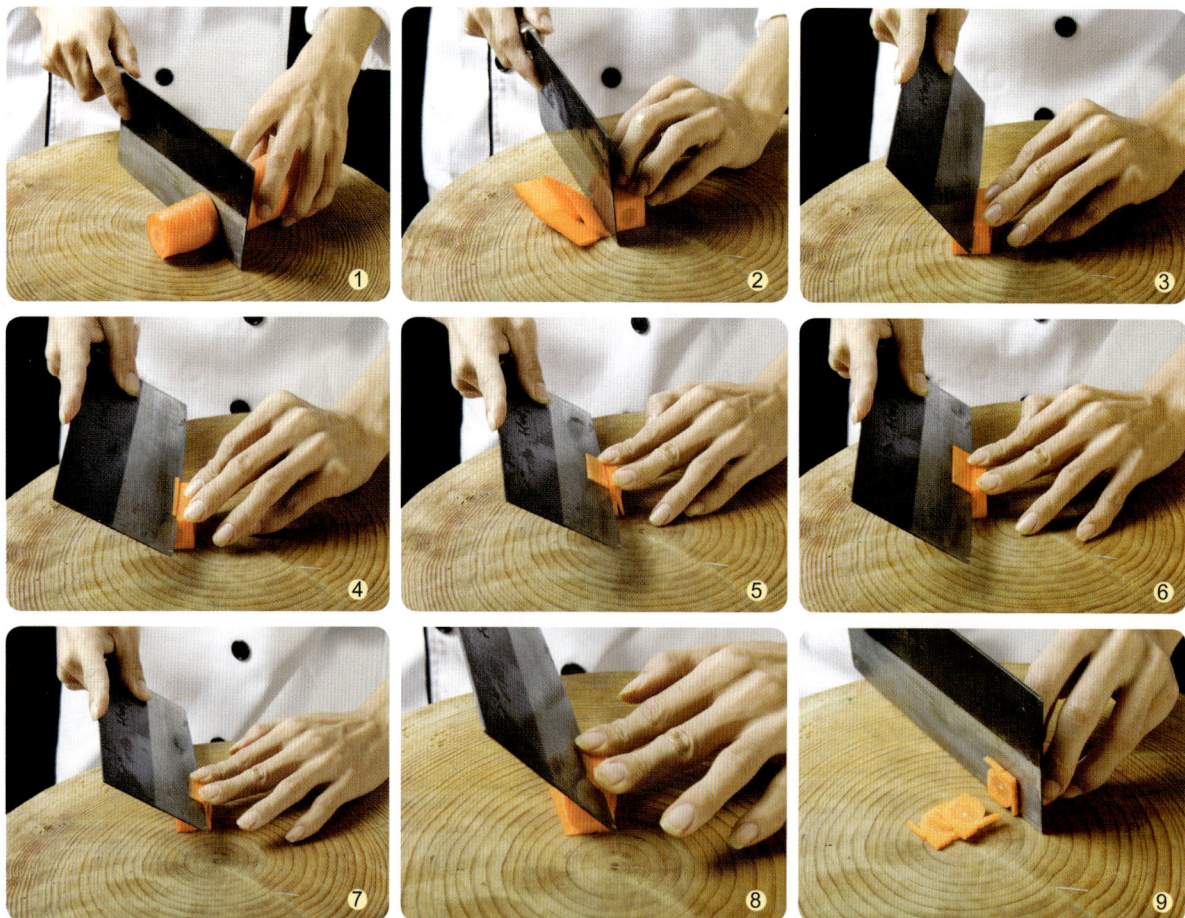

寿形片的加工成形

飞鸽形片的加工成形

飞鸽形片的加工步骤如下图所示：

第四章

刀工与配菜

一、配菜的意义及作用

厨师学习刀工，是为了做出美味的佳肴。但制作美味佳肴不仅仅要求刀工过人，还要求会正确地配菜，才能做出让宾客食指大动的美食。合理的配菜不仅能美化餐桌的摆设，更能搭配出各种菜肴的美味。所以说配菜是与刀工同样重要的一项技术，两者紧密相联，不可分割。人们习惯上将刀工和配菜这两门技术统称为切配技术。

配菜又称调料、配膳，就是根据菜肴的规格和烹调的要求，将各种经过初步加工或成形的原料加以适当地配合，制成半成品或成品，使之可以烹制出一道完整的菜肴，或经搭配就可以直接食用的过程。配菜的恰当与否，直接关系到菜的色、香、味、形和营养价值，也决定着整桌菜肴是否协调。

下面主要介绍了烹饪过程中配菜的要求、配菜的要诀、菜肴原料搭配禁忌和搭配最佳方案、宴席的配菜、菜肴配制后的取名，以及菜肴配制的具体方法。尤其重点讲解了配菜的作用和要求，剖析了配菜的要素，特别介绍了一般菜肴、花式工艺菜肴、冷盆菜肴、宴席菜肴的搭配技巧和方法。还列举了很多配菜的实例，并从营养的角度阐述了配菜的要领。书中所列举的特色菜肴和经典菜肴配菜实例，可帮助读者掌握烹饪中的配菜技术，享受烹饪的乐趣，适合厨师、烹饪学员、家庭主妇及广大烹饪爱好者学习参考。

配菜在整个菜肴的制作过程中起着很重要的作用。

1.确定菜肴的质和量

菜肴的质是指一道或一组菜肴的构成内容，具体来说，是指各种原料的配合比例；菜肴的量，是指一道或一组菜肴所包含的原料的数量，或是指单位定量。

衡量菜肴质量的好坏，有以下几个标准：

（1）原料搭配的精与粗；

（2）菜肴数量的多与少；

（3）烹调技术的好与坏。

配菜是决定菜肴质量好坏的先决条件，如果我们在配菜时，构成菜肴的内容和原料的数量不合理、不协调，即使你有再高的烹调技术，也无法改善和提高菜肴的质量。

2.使菜肴的色、香、味、形基本确定

一种原料的形态，要依靠刀工来确定，但是整个菜肴的形态，就要依靠配菜来确定。配菜时必须根据美观的基本要求，将各种相同形状或不同形状的原料适当地搭配在一起，使之成为一个完美的整体。如果原料搭配不协调、不恰当，即使刀工很精细完美，整个菜肴仍达不到美观的要求。菜肴的色、香、味、形，虽然要通过加热和调味才能最后确定，但各种原料，都各有其特定的色泽、香气和味道。配菜时把几种不同原料配合在一起，可使它们之间的色、香、味相互渗透，相互补充。因此，只有配合得好，整个菜肴的色、香、味才能恰到好处；如果配合不好，各种原料的色、香、味不仅不能相互补充，甚至还会相互排斥，相互掩盖，使整个菜肴的色、香、味受到破坏，从而影响人们的食欲。

3.确定菜肴的营养价值

菜肴营养价值的高与低，也是衡量菜肴质量高低的标准之一。不同属性的原料，所含的营养成分是不同的。一般来说，新鲜的叶菜类、

茎菜类原料所含的营养成分主要有水分、维生素B、维生素C、矿物质；新鲜的根菜类原料所含的营养成分有水分、糖、矿物质；豆类及豆类制品所含的主要营养成分有糖、植物蛋白质、矿物质、维生素；新鲜的肉类及动物内脏所含的营养成分有蛋白质、脂肪、维生素A、维生素D及矿物质。根据蛋白质的互补作用及营养素的全面性要求，厨师在配菜时应该将营养素搭配得全面一点儿，以提高菜肴的营养价值。

4.确定菜肴的成本

菜肴成本的高低，也可以通过配菜来确定。如果用的原料价格高，所占的比例大，总的数量多，菜肴的成本价格就高；如果用的原料价格低，所占的比例小，总的数量少，菜肴的成本价格就低。

例如，有四道菜肴分别是"清炒虾仁"、"豌豆虾仁"、"五彩虾仁"、"虾仁豆腐"。

其成本分析如下：同一种原料虾仁在搭配的比例上略有不同，所用的数量就有区别，因此菜肴的成本也就不同。

"清炒虾仁"中虾仁所占的比例是100%；"豌豆虾仁"中虾仁所占的比例是60%；"五彩虾仁"中虾仁所占的比例是50%；"虾仁豆腐"中虾仁所占的比例是40%。

假设原料的总重量为500克、虾仁的售价为60元/500克，那么，在上述四道菜肴中，虾仁的原料成本价格分别是60元，36元，30元，24元。而其他原料则是较便宜的，因此这四道有虾仁的菜肴成本自然就大不相同了。

5.使菜肴多样化，增加花式品种

刀工的变化、不同烹调方法的运用，是使菜肴多样化的一个方面。但配菜也能将各种原料进行巧妙的组合，构成不同的菜肴，并可创造出新的品种，这也是菜肴多样化的一个重要方面。

二、配菜的要求

配菜工作在整个菜肴烹制过程中有着非常重要的地位。因其涉及面广，所以，配菜人员必须既熟悉有关业务，又熟悉有关知识，才能把这一工作做好。一般来说，配菜人员至少必须具备下列几项业务知识。

1.熟悉和了解原料

不同的菜肴都是由不同的原料配制而成的，所以配菜人员首先必须熟悉和了解原料及其性能。

原料品种不同，性能各异，在烹调过程中，发生的变化也不同。同一种原料，因产季的变化品质也可能有差异，如鲥鱼在立夏至端午这一时期肉质特别肥美，过了这一时期肉质就老了，味道也就差了。因部位的不同原料品质也会有差异，如猪、牛、羊、鸡、鸭等家畜、家禽，各部位原料差异也较大，有些部位肉质嫩而且结缔组织少，如猪身上的里脊肉、通脊肉，鸡、鸭的胸脯肉等，质地嫩，适合爆、炒、滑、熘、煎、烹；有的部位质地老且结缔组织多，在烹制中只适合焖、炖、蒸、煮等长时间加热的烹调方法。故不同性质的原料，绝不能混合使用，否则将会影响菜肴的质量。

2.了解市场供应情况

市场上原料的供应是随着季节、供应需求、产品数量等因素的变化而变化的。有时这一品种多了，有时那一品种少了，配菜人员对这些情况必须有所了解，才能配合供应情况，多用市场上供应多的品种，适当少用市场上供应紧张的品种，并利用代用品搭配出新的菜肴来。

3.了解企业备货情况

配菜人员必须对企业中的备货情况十分清楚，才能据此确定供应的品种，并及时向企业管理人员提供意见——哪些原料需进货，哪些原料不必购买，从而使企业中的存货既不积压，也不脱节。

4.熟悉菜肴的制作工艺及特点、名称

中国烹饪博大而精深，菜肴品种繁多，每个地区都有许多具有地方风味的特色菜品，各餐馆又均有各自的招牌菜、特色菜；同时每一菜肴都有各自的制作特点，都有一定的用料标准、刀工要求和烹调方法。因此，配菜时，配菜人员必须对本餐馆的菜肴名称、制作特点了如指掌，才能组配出具有本餐馆特色的菜肴。除需了解本餐馆的菜肴特色以外，配菜人员对本地区同行业及其他不同菜系菜肴的特色都应有所了解。这样，才能在配菜过程中有所比较、有所创新，在原有的基础上创造出新的品种。

5.既精通刀工又了解烹调

配菜在工序上介于刀工和烹调之间，它是刀工的继续，也是烹调的前提，它的操作技术可以左右刀工和烹调这两道工序的作用，与它们是密切不可分割的一个整体。配菜人员必须精通刀工，如果不精通刀工，就做不好配菜工作；不仅如此，一个配菜人员还必须懂得不同的火候和调味对原料产生的影响，以及各种烹调方法的特点，特别是当地的地方菜的烹调特点，只有充分了解这些才能很好地掌握配菜的关键，使配出来的菜肴能够符合标准，使色、香、味、形都能充分体现出来。所以配菜是联系刀工和烹调的纽带，配菜人员必须既精通刀工的操作技术，又了解烹调的操作关键，才能把工作做好。

6.掌握定质定量的标准及起货成率

配菜人员必须掌握每道菜肴的规格质量，要做到：

（1）特色熟悉和掌握每种原料从毛料到净料的起货成率；

（2）确定构成每道菜肴的主料、辅料的质量和数量；

（3）配菜时必须切实按照餐馆的规格，按单办事，确保成本和毛利都准确。

7.注意主、辅料应分别放置

一道菜肴，可能有多种主、辅料，在用多种主、辅料配菜时，应将各种原料分别放置，不能混在一起，否则下锅时无法区分，会导致生熟不匀，严重影响菜肴质量。

凡是有主、辅料的菜肴，一般主料都应占主要地位，辅料对主料起陪衬或补充作用，主料居于主位，辅料居于次位，必须突出主料，不可喧宾夺主。一般来说，主料大都是用动物性原料，辅料大多用植物性原料，但也有例外。

例如："腿汁扒芥菜胆"，是以芥菜胆为主料，火腿汁为辅料；"虾子冬笋"，是以冬笋为主料，虾子为辅料。

8.具有一定水平的审美观

配菜人员还必须具有美学方面的知识，懂得一定的构图和色彩原理，以便在配菜时使各种原料在形态、色彩上协调、美观、雅致，增强菜肴的美感，给消费者以美的享受。

9.注意原料营养成分的配合

菜肴中原料的组配大多数是需符合营养原则的，但以往由于科学水平的限制，特别是受前辈厨师文化水平的影响，加之在创新菜肴时多注意味、形之美，所以对于营养成分的相互配合、相互补充等问题往往不够注重。新一代的烹饪从业人员必须懂得各种不同原料配合后在烹调过程中所起的变化等理论知识。在配菜时，注意原料营养成分的相互配合、相互补充，使食用者能得到更加全面的营养。

三、配菜的常用料头

料头在粤菜调料中的运用十分普遍，其作用大概有以下三个方面：

（1）增加菜肴的香味、镬气；

（2）清除某些原料的腥膻气味；

（3）便于厨师识别味料配搭，提高工作效率。

正因为有以上诸多好处，所以现在全国诸多菜系的厨师都开始运用料头了。为了方便大家学习，现在就将一些粤菜常用的料头介绍如下。

菜炒料： 蒜蓉、姜片（或姜花）。如"菜心炒鸡杂"、"西兰花炒花枝片"。

蚝油料： 姜片、葱段。如"蚝油牛肉"、"蚝油鲜菇"。

白灼料： 大姜片、长葱条。如"白灼螺片"。

红烧小料： 蒜蓉、姜米、陈皮米、冬菇片。如"红烧肉"。

红烧大料： 葱段、姜片、冬菇片、炸蒜子。如"红烧鸭块"。

糖醋料： 蒜蓉、葱段、辣椒件。如"糖醋排骨"。

蒸鸡料： 姜花、葱段、冬菇件。如"云耳蒸鸡"。

清蒸鱼料： 姜花、冬菇片、火腿片、长葱条。如"清蒸鳜鱼"。

咖喱料： 蒜蓉、姜米、洋葱米、辣椒米。

油泡料： 姜花、葱榄。

椒盐料： 蒜蓉、姜米、辣椒米。

豉汁料： 蒜蓉、姜米、辣椒米、葱段。

炒丁料： 蒜蓉、姜米、短葱榄。

炒丝料： 蒜蓉、姜丝、葱丝、冬菇丝。

蒸鱼料： 葱丝、姜丝、肉丝、冬菇丝。

煎封料： 蒜蓉、姜米、葱花。

红焖鱼料： 葱段、姜片、肉丝、冬菇片、蒜子。

五柳料： 锦菜丝、红姜丝、白姜丝、荞头丝、瓜英丝、蒜蓉、辣椒丝、葱丝。如"五柳炸蛋"。

一般炖品料： 姜片、葱条、瘦肉。

上汤菜料： 葱段、姜片。

四、热菜配制的方法

任何一种菜肴，其原料都可以有单一料、主辅料或混合料三种形式。

1.单一料的配菜

单一料菜肴由一种原料组成，选料要精、刀工要细，要从各个方面突出所选用原料的特点。如"炒白菜"，要选白菜的细嫩部分；"清蒸（或红烧）鲤鱼"，因其鳞片含有油脂，味道特别鲜美，所以不能去鳞。此外，也有以一种原料为主，在其表面排列其他原料以装饰的菜肴。如制作"兰花鸽蛋"时，把鸽蛋排列在碟上，再以火腿薄片为花瓣、葱丝为叶，排出兰花图案。这道菜式仍属单一料的菜肴，因为火腿和葱丝仅仅作为装饰。

单一料要按规定的重量，取足原料。为了保证菜肴的质量，在配制时，必须突出原料的优点，避免其缺点。因为单一料的菜肴的原料直接体现了该菜肴的特点。如新鲜的蔬菜，可以选用鲜香脆嫩的豆苗、菜心、荷兰豆、生菜、豇豆、莴苣、冬笋、白菜、莲藕、山药等。本身没有特殊香味的原料如蹄筋、海参、鱼肚、鱼翅等，应该配以一些有特殊香味、清鲜、醇厚的辅料一起烹调，以增加菜肴的美味，但烧后要拣出辅料，仍以单一料上席。具有某些特殊、浓厚滋味的原料如大蒜、洋葱、青蒜、葱、姜等，因含有特殊的香辛气味，一般不宜单独制成菜肴。否则，其浓郁的气味会使食客难以食用。

用单一原料烹制的菜肴，往往在菜名上冠以"净"字或"清"字，如"净炒肉片"、"清炒菜心"、"清蒸草鱼"等。

1）橙皮大白菜

原料：

新鲜大白菜适量

操作方法：

①先剥去大白菜的老叶，用刀切去老根；

②将大白菜用刀面拍松，浸泡在水里，洗干净后捞出沥干水分；

③先用刀横着将大白菜的中部切开，再用刀面拍松大白菜；

④用直刀切的刀法，先切成宽度为3厘米左右的宽条，再切成4厘米左右的长方片；拣去老梗和粗梗。烹饪过程：用熘的烹调方法制成橙皮大白菜。

2）菊花鱼

原料： 活鱼1条（鳜鱼、草鱼、青鱼均可，重约750克）

配料： 葱末、姜末各10克，淀粉1克，水淀粉40克，料酒适量

调料： 盐2克，糖150克，番茄酱100克，香醋75毫升，食用油1 500毫升（实用200毫升）

特点： 形似菊花，香酥脆嫩，甜酸可口

操作方法：

①鱼去鳞、鳃，净膛后剁去头、尾，一剖两半，去骨刺；

②将鱼肉皮朝下放在菜墩上，进刀斜切至鱼皮，每切4～5刀切断，共切成10块；

③逐块再剞刀至鱼皮，刀距为0.7厘米，制成菊花状，不可破皮；

烹饪过程：鱼块加入料酒、盐、葱姜末腌约5分钟，拍上淀粉，再抖去散粉；用糖、香醋、盐、水淀粉兑成味汁；锅置火上放油烧至六成热，下入菊花鱼块生坯，炸至浅黄色捞出放入盘中，鱼头、鱼尾也入油稍炸后，放在盘的两端；另起锅置火上，放清水加番茄酱、味汁烧开，淋入明油，浇在菊花鱼上即可。

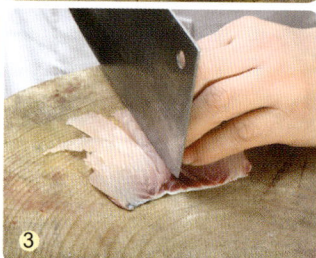

3）糖腌醋藕

原料： 新鲜莲藕适量

操作方法：

①用刀切去莲藕的根部；

②刮去莲藕的黑衣，将藕放在水盆里，用水洗净；

③用直刀切的刀法，沿着莲藕的纤维纹路，将莲藕切成薄片；

烹饪过程：用腌制的制法，将莲藕制成糖醋莲藕。

4）香辣排骨

原料： 新鲜的大排骨适量

调料： 蒜蓉、姜米、干辣椒、熟花生米、花椒、酱料各适量

操作方法：

①将大排骨放入清水盆里，洗去血污、黏液，捞出沥干水分；

②采用直刀劈的刀法，横着肌肉、骨骼，劈成一段段带骨的条，将排条修整成统一的规格；

③将排骨斩成均匀的小段；

烹饪过程：将排骨用碱水腌过，然后冲洗至无异味，用炸的烹调方法，制成椒盐排骨条；锅内放油，把干辣椒、蒜蓉、姜米、花椒、酱料爆香，投入熟花生米碎和排骨条即可。

5）红烧鳝筒

原料： 鲜活的大黄鳝适量

调料： 葱段、姜片、冬菇片、炸蒜子各适量

操作方法：

①用力将黄鳝摔昏或用刀拍昏；

②用刀在黄鳝喉部割一刀；

③将方的竹筷从刀口处插入，用力卷出内脏；

④用冷水洗去血污、黏液；

⑤用直刀劈的刀法，劈下头和尾，留中段；再将中段劈成5厘米长的段。

烹饪过程：用红烧的烹调方法，制成红烧鳝筒。

6）滑炒虾球

原料： 新鲜的对虾适量

调料： 蒜蓉、姜米、短葱榄各适量

操作方法：

①摘下虾头，剥去虾壳和虾尾；

②用拉刀片的刀法，沿着虾的背部切开，同时剔去砂肠；

③用直刀刀法将对虾肉修整齐；

④将虾肉放入水盆里反复冲洗，直到水清不腻滑。

烹饪过程：用滑炒的烹调方法，制成滑炒虾球。

7）清炸菜松

原料： 大而新鲜、色泽鲜艳的青菜叶适量

操作方法：

①把青菜叶放在水盆里浸泡片刻，洗净后捞出，沥干水分；

②将洗净的菜叶一片片地叠起来，顺着一个方向卷成筒形；

③用直切的刀法切成细丝。

烹饪过程：放在油锅里用清炸的方法制成清炸菜松。另外，也可用凉拌的方法制成凉拌菜松。

2.主辅料的配菜

　　菜肴除主料外，还有辅料。主辅料的配菜，是指一种菜肴除使用主料外，也加入一定量的辅料。其目的是为了衬托、突出主料，对主料的色、香、味、形及营养作适当的调整，但调料的数量、形式、口味都应以主料为主。如"蒜珠白鳝"，白鳝是主料，蒜头是辅料，配制时蒜头的数量要少于白鳝；又如"炒鲜奶"中要加入适量的火腿片或烧鸭片，这样红白相间，使菜肴增色不少。在配制菜肴时，主料占主要地位，而辅料则作为衬托、辅助和补充。因此，应将主料的形态加工得比辅料大一些、厚一些、长一些、粗一些，如果颠倒配制，就会喧宾夺主。一般主料多采用动物原料，辅料则使用植物原料，但也有例外的，如北京菜的"八宝豆腐"是以豆腐为主料，以火腿、鸡肉、虾米和瑶柱为辅料。

　　凡是有主辅料配制的菜肴，多会在菜肴的命名上反映用出原料的名称，如"鸡蓉烩海参"、"虾仁豆腐"、"韭黄牛肉丝"、"香肠炒蛋"、"腰果鸡球"、"松仁香菇"等。

1）咖喱滑鸡

原料：光鸡、土豆各适量
调料：食用油、咖喱粉各适量

操作方法：
①土豆用刀将外皮削去，放入水盆里洗干净；
②将土豆用滚料切的刀法切成大的滚料块；
③光鸡加工后斩成两半；
④用直刀刀法将鸡斩成块。

烹饪过程：
将鸡块、土豆块分别放入油锅里过油，待皮硬呈金黄色时捞出；再加入咖喱粉，焖制即可。

2）龙舟竞赛

原料： 龙虾1只（约1200克），西兰花200克，洋葱和蒜头各适量

调料： 牛油和奶酪各适量，鲜奶300毫升，清鸡汤600毫升，淀粉、盐各适量

操作方法：

①把龙虾头身斩断；

②把虾头掀起，用刀刮去鳃部及小触脚；

③把龙虾身斩开成两半，去掉中央的虾肠；

④把头斩成粗块，如有粗脚，就用刀背拍打，使其有裂痕；

⑤把龙虾身两侧的腹足去掉；

⑥将龙虾身对切成两半；

⑦顺关节每两节斩成一块，全部洗干净并沥干水，多肉的部分和头部分开备用；

⑧西兰花改刀成件；

⑨把改件后的西兰花清洗干净，焯过水后放入凉水中浸泡备用。

烹饪过程：

将洋葱切丝，蒜头剁成蒜蓉。烧一大锅滚油，油一定要够滚。将龙虾肉和头壳分别撒上适量淀粉拌匀，先放龙虾肉于滚油中炸至九成熟，再放头壳炸至熟，把油倒出。牛油、洋葱丝、蒜蓉入锅同炒，炒至微黄有香味出，下600毫升清鸡汤，加适量盐调味，汁煮开后放入炸好的龙虾，再放奶酪在其上面，加锅盖以大火煮沸，另外加适量淀粉于鲜奶中调匀备用，将龙虾沥至水分快干，就可以勾芡，芡全熟时即可盛出上桌。

3.混合料的配菜

所谓混合料菜肴，是指原料在两种以上，不分主次，各种原料的特性相互影响、统成一体。因此其要求配菜时原料在数量及色、香、味、形诸方面都要调整平衡，刀工成形要大体一致。如果其中的一种原料取自然形态，则其余的原料也应加工成与其相接近的形态、规格。例如，"油爆双脆"中所使用的鸡肫或鸭肫及猪胃，均属爽脆而富于弹性的原料，因此，在外形上多采用蓑衣块，其剖制的深浅、厚薄，块粒的大小都必须统一。又如"糟三白"中的鸡、鱼、竹笋等均应切成片，使色泽洁白，协调自然。

这类菜肴在命名上都带有数字，如"炒双冬"、"油爆双脆"、"烧双笋"、"三味蔬菜"、"三丝汤"、"四色宝蔬"等。

无论主辅料分明或是主辅料不分明的菜肴，各种原料均须分别摆放。因为下料有先后之分，如果混在一起，难以分开下锅，会因所需炒煮时间不同而影响菜肴的品质。

1）清炒三味

原料： 荷兰豆、茭白和冬菇各适量

调料： 耗油、姜汁、葱油、虾子各适量

操作方法：

①荷兰豆摘去两头，撕去筋络，放入水盆里洗干净；

②用刀将荷兰豆切成段；

③用刀切去茭白的老根，剥去壳后用水洗净，斜刀切成片状；

④冬菇放在清水盆里稍挤捏一下；

⑤切去冬菇蒂；

⑥将冬菇片成片后再切成长条。

烹饪过程：

分别加入蚝油、姜汁、葱油、虾子等调味品，炒成美味的清炒三丝。

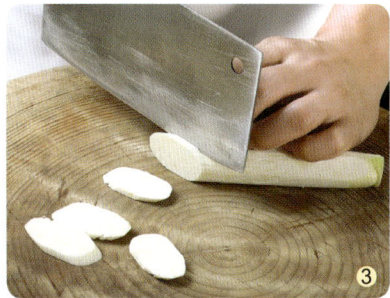

2）锦绣鱼丝

原料： 草鱼、胡萝卜、冬笋、青辣椒和皮蛋各适量

调料： 蒜蓉、姜丝、葱丝、冬菇丝、盐、绍酒、味精、胡椒粉、水淀粉、食用油各适量

操作方法：

①把草鱼刮去鳞；

②去掉内脏，洗净血污；

③剔去鱼骨；

④片去鱼皮；

⑤把草鱼肉片成薄片，再切成细丝；

⑥胡萝卜、冬菇、冬笋、青辣椒和皮蛋分别切成比鱼肉丝略细的丝。

烹饪过程：将盐、绍酒、味精、胡椒粉、葱丝、蒜蓉、姜丝、水淀粉调成芡汁。炒锅置大火上，下入食用油烧至四成热，放入鱼丝滑开，再放入胡萝卜丝、冬菇丝、辣椒丝、皮蛋丝，胡萝卜丝翻炒，再下芡汁炒匀即可。

3）酿玉鸳鸯

原料： 豆腐、瘦肉和丝瓜各适量

调料： 咸蛋黄、鱼滑、淀粉各适量

操作方法：

①刨去丝瓜的外皮（留部分青皮）；

②将丝瓜切成棋子形；

③用挖球器掏空丝瓜块中间部分成臼状；

④在丝瓜上撒上适量淀粉，镶上咸蛋黄；

⑤取瘦肉制成蓉，调味做馅；

⑥将豆腐切块成棋子形，挖去中间部分成臼状；

⑦在豆腐上再撒上适量淀粉，镶上鱼滑；

烹饪过程：将制好的丝瓜和豆腐上笼蒸熟，摆成形，勾芡淋上面即可。

4）白玉五彩虾仁

原料： 冬瓜、虾仁、蜜豆、白果、冬菇、冬笋、胡萝卜各适量

调料： 蒜蓉、姜米、短葱榄各适量

操作方法：

①取冬瓜一块，去皮修成长方形，均匀地切成长方形片；白果去外壳、内皮；

②把冬瓜均匀地排在圆盘内，边上摆白果，上笼蒸制；

③蜜豆去筋，洗净后切成细小的菱形丁；

④胡萝卜削去外皮洗净，改刀切成细小的菱形丁；

⑤冬笋切去老根，剥去笋壳、笋衣，洗净后放入冷水锅中煮至半熟，再改刀切成细小的菱形丁；

⑥冬菇浸泡在冷水里胀发回软，剪去老根，洗去泥沙并切成丁；

⑦虾仁去除内脏及尾，洗净并切成丁；

烹饪过程：用滑炒的烹调方法烹制成五彩虾仁，盛于冬瓜上，把炒好的五彩虾仁放在圆盘中央。

五、冷菜拼配方法及实例

冷菜是有别于热菜的另一大菜类。冷菜配制的技术性很强，口味的搭配、颜色的调配、形态的组配，都是值得细细研究的。花色冷盘更要求厨师有较高的艺术修养，使制成品既好吃又好看，且不流于庸俗，能给食者留下深刻美好的印象。冷菜拼配的刀工刀法与热菜基本一样，但总的来说，它比热菜还要精细一些，要求更高一些。冷菜切配后直接上桌，原料主要是熟料，与热菜的原料稍有差别。刀工与装盘是冷盘成形的两大关键，冷盘的质量取决于刀工技术的好坏和装盘拼摆技巧的熟练程度。冷盘的常用原料：腊肉、猪耳朵、火腿肠、腊肠、香干、河虾、蛋皮卷、西火腿、寿司、山楂、皮蛋、海带、蛋黄糕、 牛肉 、猪肘、 素鸡、猪舌、猪肺。制作冷盘所用的原料多是色彩丰富、可直接入口的食物。

1.冷盘成形常用的刀法

冷盘制作时对刀工的要求是：整齐划一、干净利落、配合图案、协调形态。

一般是根据拼摆的具体要求，将原料用刀切或用模具挤压成不同形状的实体，然后再切成形状不同的片，如柳叶片、象眼片、月牙片、梭形片、连刀片、玉兰片等。切配冷菜时的刀工技法应根据原料的不同质地灵活运用，刀工的轻、重、缓、急要有分寸，成形原料的厚薄、粗细、长短均要一致。在冷菜拼配过程中运用得较多的刀法有锯切、滚料片切、拍、斩、抖刀片、推切等多种。

1）锯切

锯切是冷菜制作中运用广泛的一种刀法。冷菜成熟后有肥有瘦、有软有硬，加工时必须同时运用锯切、直切两种刀法。先将刀向前推，然后再向后拉，切表面的软肉，待刀刃进入硬肉的1/2时再用直刀刀法切下去，这样才能保证肉面的光滑美观。锯切主要用于加工冷菜中质地较硬或易松散的肉类原料，如火腿、牛肉、肴肉、羊羔等。锯切的要求是落刀要直，不能过重、过快，左右手密切配合，一刀未起，不能移动。

2）滚料切

冷菜中的滚料块不像热菜中滚料块那样大，要求切得细小、厚薄均匀，大多切成剪刀头形，即一边较薄，另一边略厚，这样易入味，装盘也美观。步骤是左右手配合，切一刀后滚动一下原料再切，滚动的角度要小。滚料切大多用于加工冷菜中圆形或腰圆形、质地脆的原料，如冬笋、莴苣、茭白等原料。滚料切时要求精细、均匀，左右手协调配合，随滚随切，块形大小要以方便入味、方便食用为原则。

3）劈、拍、斩

在加工一些带骨的原料时，需要变换使用这三种刀法。先将刀劈入原料，然后用手拍刀背，使料断开，再使用斩的方法，将原料斩成所需要的形状。例如，斩盐水鸭时，应先将刀从鸭的胸前肉厚处切入，当刀口接触胸骨时，再将刀竖直，用拳头在刀背上拍，以斩断胸骨，然后斩成所需要的块形。这三种刀法综合使用，主要是用于加工一些带骨（或不带骨）的大型原料，如烤鸭、白斩鸡、酱鹅、盐水鸭等。使用这种刀法需要注意的是重心要低，以防原料跳动。

4）抖刀片

抖刀片是冷菜切配中的一种艺术刀法，即在进行平刀片或斜刀片时上下抖动，使其所切刀面呈波浪形的刀纹。例如，切五香豆腐干时用此种刀法切成片，然后切成条形，这样截面即呈锯齿形；片松花蛋时，右手执刀、左手手指头抓住松花蛋，刀口切入松花蛋，不停地上下抖动，左手转动松花蛋，片下的片就是菊花形的。冷盘的拼盘刀法除上述以外，有时还配合一些特殊刀法，如雕刻法和美化刀工法。

2.冷盘拼摆的基本方法

1）弧形拼摆法

弧形拼摆法是指将切成的片形材料等距离地按一定的弧度，整齐地旋转排叠的一种拼摆方法。这种方法多用于一些几何造型（如单拼、双拼、什锦彩拼等）、排拼（如菊蟹排拼、腾越排拼等）、中弧形面（或扇形面）的拼摆，也经常用于景观造型中河堤（或湖堤、海岸）、山坡、土丘等的拼摆。可见，这种拼摆方法在冷盘的拼摆制作过程中运用非常广泛。

根据材料旋转排叠的方向不同，弧形拼摆法又可分为右旋和左旋两种拼摆形式。具体运用哪一种形式进行拼摆，要以冷盘造型的整体需要和个人习惯而定，不能一概而论。冷盘造型的某个局部采用两层或两层以上弧形面拼摆，要顾及整体的协调性，在同一局部的数层之间或若干类似局部共同组成的同一整体中，却不可采用不同的形式进行拼摆，否则，就会因变化过于强烈而显得凌乱，影响整体效果。

2）平行拼摆法

平行拼摆法是将切成的片形材料等距离地往一个方向排叠的拼摆方法。在冷盘造型中，根据材料拼摆的形式及成形效果，平行拼摆法又可分为直线平行拼摆法、斜线平行拼摆法和交叉平行拼摆法三种。

①直线平行拼摆法。

是指将片形材料按直线方向平行排叠的一种拼摆形式。这种拼摆形式多用于呈直线形的冷盘造型中，如"梅竹图"中的竹子、直线形花篮的篮口、"中华魂"中的华表、直线形的路面等。

②斜线平行拼摆法。

是指将片形材料往左下或右下等距离平行排叠的一种拼摆形式。景观造型中的山多采用这种形式进行拼摆，用这种形式拼摆而成的山，更有立体感和层次感，更加自然。

③交叉平行拼摆法。

是指将片形材料左右交叉平行（等距离）往后排叠的一种拼摆形式。此拼摆方法多用于器物造型中的编织物品的拼摆，如花篮的篮身、鱼笼的笼体等。

3）叶形拼摆法

叶形拼摆法是指将切成柳叶形片的冷盘原料拼摆成树叶形的一种拼摆方法。这种方法主要用于树叶类的拼摆，有时以一叶或两叶的形式出现在冷盘造型中，如"欣欣向荣"中花卉的两侧；这类形式往往与各类花卉组合，有时则以数片组成完整的一片树叶的形式出现，如"蝶恋花"中多片树叶，"秋色"、"一叶情深"中的枫叶等。由此可见，叶形拼摆法在冷盘的拼摆过程中运用的也非常广泛。

3.冷菜的装盘手法

将加工好的冷菜原料，经过刀工处理后，整齐美观地组装在盛器中的过程称为装盘。装盘是冷菜制作过程中的最后一道工序，不但要求厨师具有娴熟的刀工技法，还需要其具有一定的美术基础知识和熟练的装盘技巧，使冷菜的色、香、味、形、器五个方面臻于完美。装盘的基本要求是：色彩和谐，刀工整齐，拼摆合理，盛器协调，用料恰当。

冷菜装盘的手法有排、堆、叠、围、摆、覆等几种。

1）排

排就是将原料整齐地排放在盘中。在制作时一般有两种情况，一种是在菜墩上切斩后即整齐地排列于刀面上，只需用刀铲起轻轻排放盘中一边即可。另一种是经切制或不经刀工处理的小型原料，需将其逐个地排放于盘中。

2）堆

堆是把原料堆入盘中，多用于乱刀面原料的安放，有时也用于花色冷盘中堆制出一定的形状。

3）叠

叠是将切配的片状原料，一片一片整齐地叠起来，除了层层相叠外，大多是一片的前半部分叠在另一片的后半部分，这样可以叠成扇形、梯形或是花色冷盘的一些形状。

4）围

围是将切制好的原料排列成环形。围的手法有好几种。在主料四周围上一圈不同色彩的原料或是制成一定形状的点缀物叫"围边"；主料排围成花朵形，中间再点缀上一点儿调料成花心，叫做"排围"。

5）摆

摆主要用于制作花色冷盘，把具有多种色彩并加工成不同形状的原料，拼摆成各种图形图案。用这种方法，需要其有熟练的技巧和一定的艺术素养。

6）覆

覆是先将原料排在碗中或刀面上，再翻扣于盘内或菜面上。这样做的好处是原料不易变形，所以，所用原料多为不易拼摆整齐或是拼好后略受震动即易变形的。也可在一种原料面上覆上另一种排放齐整的原料等，冷菜大都取用覆法。

4.冷盘装盘的类型和样式

冷盘按其组成的内容和拼摆形式可分为一般冷盘和花色冷盘。一般冷盘又可分为单碟、双拼、三拼、什锦等几种。

单碟

又称单盘或独碟，就是将一种冷菜原料装于一盘之中（点缀物不算），这种单碟可以是一个刀面，块状或片状拼排成馒头形或方形；也可以是乱刀面，堆成小山形。在规格较高的筵席上，有时还拼成简单的图形。单碟在实际运用中，往往是几个单碟拼成一组冷盘，显得小巧精细。

1）京式片皮鸭

原料： 鸭1只约2 500克，粉丝100克，胡萝卜、红尖椒、葱段、薄饼、黄瓜各适量

调料： 盐50克，甜面酱75克，玫瑰露酒10毫升，糖100克

步骤：

①鸭去油、肺、喉后洗净，沥干肚内水分；

②将盐放入鸭肚中擦匀，用鹅尾针从肛门处缝至肚，把针口收入肚内；入沸水中将皮收紧，取出，过凉水；用玫瑰露酒涂匀鸭身，放在风口处吹干鸭皮；

③将黄瓜、胡萝卜切成6厘米长的细丝，分别放在两小盘上，红尖椒切圈，中间穿入葱段，然后在葱段两头划斜"#"字形，用盐水浸开花；

④将吹干的鸭放入已预热的烧炉内烧约40分钟，取出，冷却后将鸭肚内的味汁倒出，留用；

⑤净粉丝用高油温（约230℃）炸至松脆放在盘上；用油锅烧油至180℃～220℃，将烧鸭炸至皮色金红色；

⑥片皮，把烧烤好的鸭放在菜墩上，除去烧腊钩，鸭胸向上，先用斜刀在嗉囊部位从中向两侧片出两块皮，再从嗉囊下开始，斜着刀分别在胸肉的两边至内腿侧片出两块皮，切成6片。把鸭翻转，背向上，在两翼膊部位片出2块皮，再从尾端下刀顺着脊背骨片出1块皮，切成2片，然后将两翼掀起，从翼下处下刀，顺向尾端连同腿外侧至尾部，各片出1块皮，每块切成5片，最后从胸下至尾部的肚皮片出2块皮，共片出24块，平放在炸粉丝上面。食时跟上葱球24个，薄饼24张，黄瓜丝和胡萝卜丝适量，糖、甜面酱各两碟；

⑦食时1张薄饼包1块鸭皮、1个葱球，适量黄瓜丝和胡萝卜丝，蘸适量糖和甜面酱即可。

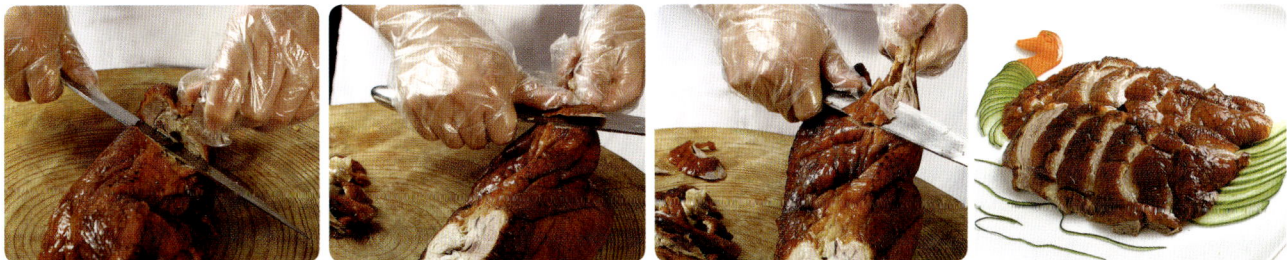

2）水晶肘子

原料： 猪肘适量

调料： 柠檬片、香菜叶、圣女果、酸辣汁、卤汁各适量

步骤：

①将猪肘去骨卷起，用净纱布包好，放入白卤水中卤熟冷冻；

②去掉纱布用直刀切成薄片，依次拼摆猪肘片，用柠檬片、香菜叶、圣女果作饰物；

③配蘸汁上桌（酸辣汁、卤汁）。

3）腐皮碧绿鱼卷

原料： 腐皮、菠菜、鱼肉各适量

调料： 香油、姜汁、盐各适量

步骤：

①将鱼肉剁蓉，菠菜切碎，加盐制成馅；

②将馅料放入腐皮上卷成筒形；

③上笼蒸熟冷却，切片摆成花形，用黄瓜做花叶；

④配香油汁、姜汁上桌。

4）松花豆腐

原料： 山水豆腐、松花鸽蛋各适量

调料： 葱油汁适量

步骤：

①将山水豆腐蒸熟，直刀切成片，摆好；

②将松花鸽蛋一分为二摆在豆腐边上；

③配上葱油汁，上桌。

双拼

　　双拼是把两种冷菜原料拼装在一个盘里。双拼多以两个刀面，或一个刀面、一个乱刀面组成，所以讲究刀工的精细与拼装的美观，两种原料的色彩、口味、形状等都必须配合恰当。

1）扇形片

原料： 火腿、木瓜、青笋各适量

调料： 红辣椒适量

步骤：

①将火腿切薄片，拼成扇面；

②木瓜去皮去子切片，拼成扇骨；

③青笋刻片做大边，红辣椒做饰物。

2）素双拼

原料： 黄瓜、木瓜各适量

调料： 冰糖适量

步骤：

①木瓜去皮去子，以直刀刀法切条放入冰糖水中，放入冰箱中冰镇；

②黄瓜洗净，以直刀刀法切条；

③黄瓜切片从盘中分开，将黄瓜条、木瓜条分边装盘。

3）双花争艳

原料： 西红柿、红肠、橙子各适量

调料： 葱油汁适量

步骤：

①西红柿用100℃开水烫过，去外皮；

②将橙子切片拼摆在盘中间做饰物，将西红柿、红肠分别切薄片，卷成花形。

③浇上葱油即可。

三拼

三拼是将三种冷菜原料装于一个盘中，三拼一般起码有两刀面。其形式有两种，冷菜原料在盘中三等分，或是在两种冷菜原料上叠一种，因此要求比较高，在形状、刀工、色彩、口味量的比例等方面都要求安排得当，除了双拼必须注意的一切要点外，它还强调刀面与刀面之间的拼接缝隙要吻合、高低要一致。如果三拼能做好，有些四色、五色（四拼、五拼）冷盘的制作就不难了，因为它们比之于三拼仅仅是原料的增加而已。

1）花形三拼

原料：猪肝、牛肉、蛋黄糕各适量

调料：西红柿、海带丝、香菜各适量

步骤：

①将猪肝、牛肉、蛋黄糕均切片。

②将猪肝片呈扇形拼摆在盘内1/3的位置，接着依次拼摆牛肉片、蛋黄糕片，做出首层；

③按同样手法拼出第二层，用西红柿、海带丝、香菜做饰物。

2）卤水三拼

原料：卤鹅翼、卤鹅胃、卤素鸡各适量

步骤：

①将卤鹅胃和卤素鸡均切片，分别摆在碟的两侧；

②将卤鹅翼斩整齐，铺在碟中间即可。

什锦冷盘

什锦冷盘是把许多种（一般指6种以上）冷菜原料同装在一个盘里。由于原料多，所以拼装的难度就较大。做得好的什锦冷盘，应该是看似一个整体，细分则有多种色彩和滋味。"一个整体"，就要求制作时各种原料在盘中所占位置大致相等，"左邻右舍"的交接应严密合缝；"多种色彩和滋味"则要求将各种原料有机地组合在一起，要考虑颜色、口味、质感、荤素之间的搭配。什锦冷盘中有一种全用去骨原料和无骨原料拼装而成的，即平面什锦冷盘。平面什锦冷盘对刀工的要求极高，整个冷盘全部由刀面组成，原料都切成厚薄匀称的片，长短、宽窄都要求相近或相同；在盘中排列均匀，色彩相同，而且表面要求平整，其拼摆难度是冷盘中最大的。

原料：黄瓜、猪舌、胡萝卜、五香牛肉、青笋、蛋白糕、火腿、松花鸽蛋、红辣椒、蛋黄糕、猪肝各适量

调料：圣女果、海带丝各适量

步骤：

①将黄瓜、猪舌、胡萝卜、青笋、蛋白糕、火腿、蛋黄糕、猪肝、红辣椒、五香牛肉均切片，依次呈扇形叠拼成一圈做底层；

②用同样的手法拼出二层，拼上松花鸽蛋，用刻出小花的圣女果、海带丝、香菜做装饰。

花色冷盘

花色冷盘又叫像生拼盘，是将冷菜原料用刀工处理并用一定手法拼制出花、鸟、虫、鱼等动、植物形态的冷盘。特点是观赏价值高，能给整桌筵席增添光彩，提高其档次。

花色冷盘所用原料与一般冷盘相同，尤其是色彩鲜艳或可塑性强的原料用得较多，切制的方法也与一般冷盘相似，拼配法与一般冷盘不完全相同，摆、叠手法用得较多，还常运用食品雕刻，将一些脆性的植物原料或是蛋糕之类雕削成一定的形状，用于花色冷盘被塑形象的某一较难拼制的局部，如孔雀的头，龙的头爪等多以萝卜、南瓜、蛋黄糕等雕刻。花色冷盘还常用打底色的方法，即将琼脂化开，略加色素浇于盘底，待其凝固后，可补盘子底色之不足，如拼制金鱼冷盘时，可调成浅绿或浅蓝色以喻水底，拼雄鹰冷盘可调成浅蓝色以示天空。

操作者只有具有较高的艺术修养，能运用色彩学原理，懂得动物、植物的外形构造，才能拼制出形象逼真、色彩怡人的冷盘来。

1) 小鸟报喜

原料： 蛋黄糕、蜜饯、花菜、果脯、咸水虾、兰花、虾仔、海带丝、猪耳丝、紫菜卷、苦瓜、水晶肘子、红肠、蟹柳、芹菜叶、胡萝卜、黄瓜、樱桃萝卜、猪肝、菜松、橙子、蛋白糕、火腿、腰豆、柠檬各适量

步骤：

①将蟹柳、紫菜卷、苦瓜、水晶肘子、红肠、猪耳丝、咸水虾、虾仔、海带丝、花菜、果脯、腰豆拼成假山，以芹菜叶、柠檬片、红辣椒圈拼花作饰物；

②用胡萝卜、黄瓜、樱桃萝卜、柠檬片拼出在山上的鸟身，用菜松做头，用胡萝卜刻成鸟眼、鸟嘴，拼出小鸟；

③用火腿、黄瓜、蛋白糕、樱桃萝卜拼出另一只飞翔的鸟身，用猪肝拼鸟尾，菜松拼头，刻出鸟眼、嘴，拼成。

2）蝶舞桃源

原料： 樱桃萝卜、黄瓜、苦瓜、胡萝卜、松花鸽蛋、菜松、蟹柳、蛋黄糕、蛋白糕、山楂片、山楂卷、红辣椒、海带丝、猪肝、西兰花、西红柿、紫菜卷、五香牛肉、提子干各适量

步骤：

①将黄瓜、胡萝卜、西红柿、蛋白糕均切柳叶形片，拼出大蝴蝶的双翅；以山楂片做蝶身，海带丝做须，黄瓜皮做尾，拼出大蝴蝶。

②用胡萝卜、樱桃萝卜拼出小蝴蝶的双翅，以菜松做蝶身，蛋黄松做腿，海带丝做须，拼成另一只小蝴蝶；

③蟹柳、松花鸽蛋、紫菜卷、猪肝、五香牛肉、苦瓜、西兰花、西红柿、黄瓜均切片，与提子干依次拼摆成假山；

④用山楂卷、红辣椒圈分别拼出两朵小花，做饰物。

3）荷香幽幽

原料： 蛋黄蓉、蛋白糕、蛋黄糕、胡萝卜、青笋、酱猪舌、五香牛肉、西兰花、山楂卷、素菜卷、蜜饯、花菜、海带丝、火腿、紫菜卷、樱桃萝卜、黄瓜、西红柿、木瓜、松花鸽蛋各适量

步骤：

①用蛋黄蓉垫成隆起的椭圆形环，将五香牛肉、酱猪舌、蛋白糕、火腿、青笋、蛋黄卷、胡萝卜均切成柳叶形薄片，叠码在蛋黄蓉上，中间放海带丝拼成大荷叶，另用木瓜、胡萝卜做出另一片小荷叶，黄瓜皮刻茎，西红柿皮刻荷包；

②将黄瓜、松花鸽蛋、西兰花、素菜卷、蜜饯、花菜、海带丝、火腿、紫菜卷、樱桃萝卜均切片，依次拼摆成底边。

第五章 蔬菜刀工的应用

一、蔬菜的初步加工

1.蔬菜初加工的原则

1）按规格分档加工

根据不同菜肴对蔬菜部位及质量的不同要求，将蔬菜的心部、尖部、内叶、外叶、嫩茎、老茎等按档次分别加工。在同一蔬菜的加工中，还要按照原料的粗细、长短、大小等规格分别整理，以适合刀工和烹调的需要。

2）洗涤得当，确保卫生

根据蔬菜的具体情况，有的洗涤后整理，有的整理后洗涤；有的削剔后洗涤，有的洗涤后削剔。总之，要保证蔬菜原料加工后的卫生质量。

3）合理放置

根据蔬菜品种的特征，将其分别放置在通风、阴凉、干湿度适宜的环境中，以确保蔬菜加工后的质量。

4）正确的初加工

叶菜类烹饪原料在初加工时，黄叶、老叶、虫卵、杂物必须清除干净，以确保菜肴的质量。

5）程序合理

蔬菜初加工在程序上应先洗后切。否则蔬菜会从切口处流失较多的营养成分，同时也容易受细菌的感染。

2.蔬菜的初加工方法

1）选择整理

选择整理是蔬菜初加工的第一个步骤。它包括摘剔、撕摘、剪切、刮、削等处理方式。根据不同的蔬菜选择不同的处理方式，如叶菜类需要摘去黄叶、烂叶、须根，除去泥土杂质；根茎类需要削去或剥去表皮；果蔬类需要刮削除去外皮，挖掉内瓤；鲜豆类要摘除豆荚上的筋络或剥去豆荚；花菜类需要摘除外叶，撕去筋络等。

2）洗涤

洗涤是蔬菜初加工的第二个步骤。一般是在选择整理之后进行的。但如果蔬菜上有过多污物、虫类或部分变质，也可先洗涤再选择整理。洗涤时，可根据蔬菜的具体情况，分别采用冷水、热水、盐水及高锰酸钾溶液等洗涤。一般来说，冷水洗涤可保持蔬菜的鲜嫩，凡是附带泥土、污物的蔬菜，只需在冷水中泡洗，即可洗干净。有些带有异味或需除去外皮的蔬菜，则应用热水洗涤，如用热水烫洗番茄便于剥去外皮；用热水洗涤豆制品可以除去豆腥味等。特别是在寒冬季节菜叶枯萎的情况下，采用温水稍浸，使其回生，更易洗净污物。有些蔬菜有较多的小虫和虫卵，不易洗净时，可用2%的盐水浸洗，菜上的小虫即浮出水面，易于清除。

二、蔬菜类加工实例

1.小白菜

小白菜又名青菜、鸡毛菜、油白菜，属十字花科蔬菜，其颜色较青。据测定，小白菜是蔬菜中含矿物质和维生素最丰富的菜。选购小白菜时，以鲜嫩、色泽淡绿、质地柔嫩、没有败叶的为佳。多用于炒、拌、煮等，或作馅心，亦可做成菜汤食之。筵席上的菜肴多取其嫩心，如"鸡菜心"、"海米菜心"；并常作为白汁或鲜味菜肴的配料。此外，也可干制、酸制、腌制。用小白菜制作菜肴时，炒、熬的时间不宜过长，以免损失营养。

刀工运用：

小白菜可整棵烹调，也可以加工成以下形状。

丝： 规格为5厘米×0.2厘米×0.2厘米，一般取菜梗，可用炒、拌、炝、烩等烹调方法，烹制"菜梗肉丝"、"烩三丝"等。

段： 长度为3厘米。用煸炒的烹调方法，烹制"煸炒小白菜"。

粒： 用做饺子馅，包子馅等。

原条剖开： 适用于做汤、煸炒等烹调方法。

菜品示例：小白菜豆腐汤

原料： 小白菜100克，嫩豆腐250克

调料： 盐、味精、香油各适量

步骤：

①将小白菜摘去根和黄叶，洗净，滤干，顺切一刀；

②嫩豆腐切厚片；

③起汤锅，放水300毫升，先放入豆腐片，加盐适量，用大火烧开汤后，再放入小白菜，继续烧开5分钟，加味精，淋上香油，装碗即可。

2.油菜

油菜，又名大头青，在广东又叫小塘菜。因其子可榨油，故名。油菜颜色深绿，梛如白菜，是十字花科植物。油菜是最为普通的蔬菜，菜梛厚实，菜叶碧绿。福建和广东一带的油菜口感尤其爽脆。

油菜的营养含量及食疗价值可称得上是蔬菜中的佼佼者。据测定，油菜中含多种营养素，维生素C的含量要比大白菜高1倍多。油菜含有蛋白质、脂肪、糖类、膳食纤维、钙、磷、铁、胡萝卜素、维生素B$_1$、维生素B$_2$、烟酸、维生素C等，尤以各种维生素和矿物质的含量最为丰富。熟油菜过夜后不能再吃，以免亚硝酸盐沉积，引起癌症。

油菜一般用来煸炒，菜叶可油炸或做菜松，也可做酿菜，亦可凉拌食用。食用油菜时要现切现做，并用大火爆炒，这样既可使其保持鲜脆，又可保证其营养成分不被破坏。

刀工运用：

油菜可加工成片、条、丁、丝等，也可制作成简易实用的盘饰。

丝： 规格为5厘米×0.2厘米×0.2厘米，一般取自菜梗，可用炒、拌、焓、烩等烹调方法，烹制"菜梗肉丝"、"辣菜梗"、"姜汁菜丝"、"烩三丝"等。另一种规格为6厘米×0.1厘米×0.1厘米，可用于炸的烹调方法，烹制"脆炸菜松"及用于花式菜围边。

段： 长度为8厘米。适用于煸炒的烹调方法，烹制"煸炒青菜"。

菜胆： 长度为6厘米。加工方法是先剥去老叶梗，用菜刀切去部分菜叶，然后用菜刀或剪刀修去菜梗边角的部分菜叶。适用于干烧、炖、扒等烹调方法,烹制"干烧菜胆"、"蘑菇菜胆"、"菜胆炖淡菜"等。

菜胆：

菜品示例：口蘑油菜

原料： 油菜500克，口蘑100克

调料： 高汤150毫升，红辣椒、水淀粉、盐、糖、味精各适量

步骤：

①油菜去外叶，留心，洗净备用；

②口蘑洗净，切成扇形花刀；

③红辣椒切短丝，油菜头部用小刀开一小口，将红辣椒丝插入，放入开水锅中汆熟；口蘑入锅汆熟；

④将油菜摆于盘内，口蘑用高汤制熟后，用盐、糖，味精调味，摆在油菜边上，用水淀粉勾薄芡，淋在上面即可。

花样示例：盘饰月季花

步骤：

①取油菜洗净，如下图①所示切取根部；

②斜刀在外层的菜梗面上刻一刀；

③以同样的方法一层层地向里面刻进；

④最后修好里面的花心；

⑤盘饰成形。

盘饰菊花

步骤：

①油菜（也可用大白菜），用"V"形雕刀在菜梗表面戳出线条；

②整条菜梗戳过后，用手将菜梗里部轻轻拉出不要；

③以此法继续加工出其余几条菜梗（留下心部不加工）；

④切去菜叶不要；

⑤然后如图⑤所示，从菜梗里侧下刀，戳出花心；

⑥最后泡在水中，让其自然卷曲即可。

3.菜心

菜心又名广东菜薹，以花薹供食用。菜心起源于中国南部，是由白菜中易抽薹品种经长期选择和栽培而来，并形成了不同的品种，主要分布在广东、广西、台湾、香港、澳门等地。菜心是中国广东的特产蔬菜，能长年栽培，在广东、广西等地为大路性蔬菜，常年运销香港、澳门等地，成为出口的主要蔬菜。还有少量的远销欧美，被视为名贵蔬菜。菜心在北京、上海、杭州、成都、济南等地均有少量栽培，但这些地区的居民没有大量食用的习惯，仍列为稀特蔬菜。其含有丰富的蛋白质、脂肪、碳水化合物，以及钙、磷、铁、胡萝卜素、核黄素、尼克酸、维生素等，尤其以含钙量最为丰富。

刀工运用：

菜心的加工可简单可精致。

简单的加工方法是，用刀切去头尾，择去黄叶即可（见图①、②）。精致的加工方法主要用于加工菜远，菜远是在切除菜心头尾的基础上，用菜刀裁去或用剪刀剪去部分余叶（成柳叶形），其长度约为6厘米，多用于高档食肆（见图③、④、⑤）。

菜品示例：菜远炒鸡杂

原料： 菜心、鸡杂各适量

调料： 料酒、蒜蓉各适量

步骤：

①菜心洗净改刀成菜远；

②鸡杂改刀，加料酒腌渍；

③菜远加蒜蓉炒香，置于盘底；

④鸡杂拉油，炒香调味，放在菜远上。

4.芹菜

芹菜为伞形科植物，原产于地中海沿岸，有2 000年以上的栽培历史。我国早已引入，且由于长期选种和栽培管理方法的差异，已形成自成一系的"本芹"。我国为提高单位面积产量，尽可能密植，故植株收敛而叶柄细长，纤维素含量偏高。欧美地区的"西芹"则稀植，致使植株充分发育而叶柄肥大粗壮，纤维素含量较本芹低。芹菜在我国栽培较广，冬季温室、大棚极易生产，又耐储存，四季均可上市。

芹菜适用炒、拌、炝等烹调方法，刀工成形以段较多。用做主料可制作"芹菜炒肉丝"、"芹黄肚丝"、"海米拌芹菜"、"炝芹菜"、"茶干炒芹菜"等菜肴，还可以用做面点馅料。芹菜不可加热过度，否则会失去脆嫩感及翠绿色。

刀工运用：

本芹和西芹的加工方法有所不同。

本芹加工步骤： 切去老根—抽打去叶—洗净—初步熟处理。

①用刀切去老根，剥去老茎、老叶；

②随后取方竹筷2根，用方的一端用力抽打芹菜的叶片，直到菜叶脱尽为止。在抽打时注意用力要均匀，并要把芹菜的各个部位均匀地抽打一遍。将去叶的芹菜放在清水里浸泡5分钟，然后用水冲洗干净，若其根部的泥土不易除去，可以用手用力搓洗。

①切去根部。

②刨皮。

③清洗。

西芹加工方法：
①除去芹菜的叶子，切掉粗老的根部；②将茎部粗老的植物纤维刨去，去掉腐烂斑痕；③刷洗干净，沥尽水分。

菱角段： 长度为3.5厘米。适用于拌、炝等烹调方法，烹制"开洋芹菜"、"花椒芹菜"、"芹菜方干丁"。（见图①、图②、图③）

段： 长度为5厘米。用做炒菜的辅料，烹制"芹菜牛肉丝"、"芹菜干丝"。

粒： 用做炒粒类菜肴的主料或辅料。

菜品示例：西芹炒腊味

原料： 腊肉片75克，腊肠80克，西芹200克，胡萝卜、蒜蓉各适量

调料： 食用油、味精、鱼露、黑胡椒粉、水淀粉各适量。

步骤：

①腊肠用直刀刀法切成片；胡萝卜切成菱形块；把西芹刨去外皮用斜刀刀法切成菱形段待用；

②锅内放适量开水，把西芹、胡萝卜倒入灼熟捞起（焯水）；

③锅内烧油，先把腊肉片、腊肠炒香，倒回笊篱沥油；锅内放适量食用油并放进蒜蓉、西芹略炒，再放进腊肉片、腊肠、味精、鱼露、黑胡椒粉，倒入适量开水用大火爆炒片刻，用水淀粉勾芡，淋明油即可。

5.土豆

土豆，又称马铃薯、山药蛋、洋芋等，为茄科植物，原产于南美秘鲁、智利的高山区。土豆传入我国，迄今仅百年左右，现我国各地均有栽培。由于其易栽培、高产、耐储藏、便于运输，国内种植很广，东北地区以黑龙江的克山地区、内蒙古的呼和浩特地区为中心，在资源、育种、栽培面积、品种质量和单产上都占绝对优势，并年年向南方输运种薯和大量商品薯。土豆的种类很多，外形有球形、椭圆形、扁平形、细长形等形状；表皮有黄、白、红等色；块茎肉质有白、黄二色，以白色最为常见。上市一般分夏、秋两批，冬储则可供食至次年春天。夏季上市的土豆为早熟种，产量低，个头小，质量稍次；秋末上市的土豆因生长期较长则产量高，个头大，质量好。

刀工运用：

首先将外部泥沙初步清洗之后，削去外皮、青绿和发芽部位，再挖去斑痕，然后清洗干净，浸泡密封，低温存放，防止氧化酶引起褐变。

①削皮

②挖

③清洗

土豆适用多种刀工成形，无论丁、丝、条、片、块、泥皆可。

片： 规格为4厘米x2厘米x0.1厘米。用做炸、炒、熘、爆等菜肴的配料或主料，烹制"炸土豆片"、"炒素什锦"等。

块 ： 规格为4厘米x2厘米x2厘米。可用于黄焖、红烧、拔丝等烹调方法，烹制"红烧土豆"、"五香土豆"、"拔丝土豆"等，并可用做"黄焖鸡块"、"咖喱牛肉"的配料。

丁：规格为1.2厘米×1.2厘米×1.2 厘米。可用于炒、爆等烹调方法，烹制"炒酱丁"、"炒辣酱"、"酱爆肉丁"。

条：规格为4厘米×1.2厘米×1.2厘米。可用于炸的烹调方法，烹制"椒盐土豆条"或用做"金钱牛排"、"串烤里脊"的配料。

丝：规格为5厘米×0.1厘米×0.1厘米，用于炒、熘等烹调方法，烹制"尖椒土豆丝"、"醋熘土豆丝"。另一种规格为5厘米×0.05厘米×0.05厘米，可用于制作"雀巢"：将土豆丝放在漏勺里，上面再压上一个漏勺，然后放入油锅里炸熟定形后取出即成。切法见下图①～⑥。

① ② ③
④ ⑤ ⑥

Tips 温馨提示

土豆含有多酚类的鞣酸，切后在氧化酶的作用下会变成褐色，故切后应立即放入水中浸泡一会儿并及时烹制。土豆储存过久发芽后，芽眼附近会形成龙葵素等毒素，食后易引起恶心、头痛、抽搐等症状，故不宜食用。

菜品示例：炒土豆丝

原料：土豆200克，青、红辣椒各50克

调料：食用油600毫升，盐、味精、料酒、葱末、姜末、蒜末各适量

步骤：

①将土豆去皮洗净，切丝，冲洗净淀粉；青、红辣椒均切丝，备用；

②锅内加水煮沸，把切好的土豆丝投入略烫，捞起；

③锅内放油烧热，放入葱末、蒜末、姜末、青红辣椒丝，炒出香味，投入土豆丝，加盐、味精、料酒调味，快速翻炒出锅即可。

6.芋头

芋头又称芋、芋艿，为天南星科草本宿根性植物，食用部位是其球茎。芋头原产于印度、马来半岛等热带地方，在我国南方栽培较多，著名的品种有广西荔浦芋头、台湾槟榔芋头等。芋头的形状大小依品种而异，呈球形、卵形、椭圆形等，块型不等，其上端有顶芽，其下有多数环形节，节上有薄毛皮，且节上可生腋芽。芋头由于含有微量的尿墨酸，具有一定的涩味。

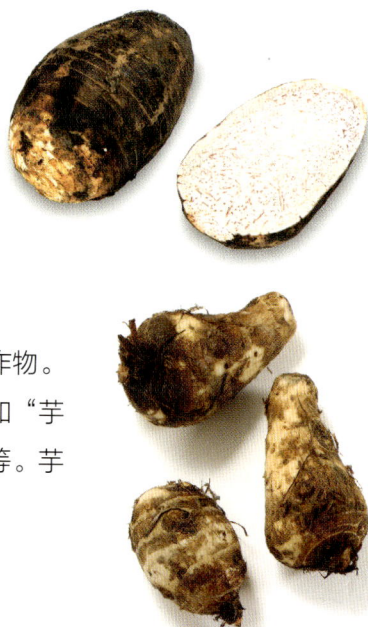

芋头的成分大部分是淀粉，其淀粉颗粒的构造很弱，很容易糊化，熟后质地细软糯滑。芋头既可做菜肴，又可做粮食，被认为是重要的粮食辅助作物。芋头做菜肴，可红烧、挂浆、煮食等。可用芋头来做的小吃细点就更多了，如"芋饼"、"芋粉团"、"芋包"、"咸馅芋饼"、"蜜饯芋片"、"糖芋艿"等。芋头制作菜肴时最宜煨、烧、烩，成菜口味咸甜皆可，荤素咸宜。

刀工运用：

用刀刮去芋头的外皮，然后浸在水盆里，边冲边洗，直到芋头色白、无污物、无白沫为止。去皮的芋头应浸泡在水盆里。由于芋头表皮含有皂甙物，在去皮时，双手会感到奇痒难忍。在去芋头皮之前，要先戴好手套，或者是在手上洒些醋，降低皂甙物对皮肤的刺激。也可将芋头洗净，下锅煮熟后再剥去外皮。芋头适宜多种刀工成形，丁、块、泥、丝、片均可。

①刮削去皮 ②洗涤。

丁： 规格为1.2厘米×1.2厘米×1.2厘米。用做爆、炒等菜肴的辅料，如"炒辣酱"、"酱爆肉丁"等。

泥： 用于制馅或制丸，如"清汤芋头"、"素肉丸"等。

片： 规格为4厘米×2厘米×0.2厘米。用做爆、炒等菜肴的辅料或主料，如"肉皮炒芋头"、"葱爆芋头"。

丝： 用做辅料，如："炸雀巢等"。

菱形块： 规格为4厘米×2厘米×2厘米。适用于烧、焖等烹调方法，烹制"芋头烟肉"、"红烧芋头"、"葱烧芋头"等。

菜品示例：拔丝芋头

原料： 芋头500克，芝麻10克

配料： 白糖200克，熟猪油或清油750毫升(实耗100毫升)

步骤：

①把芋头洗净去皮，切成滚刀块或菱形块；

②芝麻拣去杂质后待用；

③火上架炒锅，倒入油750毫升，烧至六成热时，将芋头块放入，两次炸熟上色(呈金黄色)后滗油；

④将炒锅内的油倒出，留余油15毫升，将白糖200克放入锅中，不停地搅动，使糖受热均匀溶化，但火不宜太大，等糖液起小针尖大小的泡时，迅速将炸好的芋头块倒入，撒上芝麻，颠翻均匀后，盛盘即可。

7.莲藕

莲藕主要产于池沼湖塘中，我国中部、南部栽培较多，成熟的藕在秋、冬及初春均可采挖。莲藕系多年水生草本植物。莲鞭在夏秋末期生长，其前端数节入土后膨大而形成的根茎称藕。莲藕一般分为3～4节，每节呈短圆形，外表光滑，皮色白或褐黄，内部白色，节中央膨大，内有大小不同的孔道，呈对称分布。

我国的食用藕大体可分为白花藕、红花藕、麻花藕三种。白花藕的鲜藕表皮白色，老藕黄白色，全藕一般2～4节，个别5～6节，皮薄、内质脆嫩、纤维少、味甜，熟食脆而不绵，品质较好。红花藕的鲜藕表皮褐黄色，全藕共3节，个别4～5节，藕形瘦长，皮较厚而粗糙，老藕含淀粉多、水分少、藕丝较多，熟食质地绵，品质中等。麻花藕的外表略呈粉红色，粗糙、藕丝多、含淀粉多、质量差。

莲藕以头小、身粗、皮白、第一节粗壮、肉质脆嫩、水分多者为佳，藕身无伤、无烂、无变色、不断节、不干缩者为好。

莲藕含糖量高达20%，含淀粉较多，可制成藕粉。莲藕有很高的药用价值，中医认为莲藕性寒、味甘，有止血、凉血、消淤清热、解渴醒酒、健胃等功效。

刀工运用：

藕的初加工步骤为：去头尾一刨皮一清洗。

藕刀工成形时可成丝、片、块等。

丁： 规格为1.5厘米×1.5厘米×1.5厘米，适用于焖的烹调方法，烹制"干椒藕丁"、"椒油藕丁"等。

片： 按原料的大小，切成0.1厘米的薄片。适用于炒、糖渍、拌等烹调方法，烹制"韭菜炒藕"、"糖藕"、"葱油拌藕"等。

段： 规格为2厘米长，塞入猪肉末、鸡蓉、虾蓉等，适用于蒸的烹调方法，烹制"瓤藕段"、"鸡蓉蒸藕"等。

丝： 适用于炒、凉拌、煮等烹调方法，制作"莲藕炒肉丝"、"炸藕丝"等。

夹片形： 按原料的大小，切成0.2厘米厚的夹片，在夹层内塞入馅料，适用于炸、煎等烹调方法，烹制"煎藕夹"、"芝麻藕饼"等。

菜品示例：蜜汁甜藕

原料： 莲藕750克，糯米150克

配料： 蜜莲子25克，蜂蜜50克，糖200克，水淀粉15克，蜜桂花5克

步骤：

①将莲藕洗净，切去藕节的一端；将糯米用清水漂洗干净后浸泡2个小时左右，捞起晾干；

②在莲藕孔内灌入糯米，边灌边用筷子头顺孔向内戳，使糯米填满藕孔；

③将莲藕放入笼屉，在大火上蒸30分钟，取出；用清水浸泡2分钟，取出，撕去藕皮晾干，切去另一端的藕节，从中割开，切成2厘米厚的块，整齐地摆入碗内，加入糖125克，再放入笼屉，在大火上蒸10分钟，待糖溶化时取出，扣入盘内；

④将炒锅置大火上，下清水50毫升、糖5克、蜂蜜、蜜桂花、蜜莲子烧开，用调稀的水淀粉勾芡，起锅浇在莲藕块上即可。

8.姜

姜以不烂、不蔫、无虫伤、无冻伤、不带泥土和毛根者为上品。姜是重要的调味品，有很大一部分菜肴必须用姜来调味。特别是老姜，主要用于调味，兼有起去腥膻异味的作用，常切成片或拍松后使用。嫩姜亦可作为主要原料制作菜肴，如"姜丝肉"、"嫩姜炒鸡脯"、"瓜姜鱼丝"、"紫芽姜爆雏鸭"等。

姜，又称生姜，为多年生草本植物，一年生栽培，根茎肥大，呈不规则块状，色黄或灰白，有辛辣味。在我国南北各地均有栽培。北方品种姜球小、辣味浓、姜肉蜡黄、分枝多；南方品种姜球大、水分多、姜肉灰白、辣味淡；中部品种特点介于两者之间。在烹调时一般把姜分为嫩姜和老姜两类。嫩姜又称芽姜、子姜等，一般在8月份收获，质地脆嫩、水分多、纤维少、辛辣味较轻；老姜多在11月份收获，质地老、纤维多、有渣、味较辣。

姜含有挥发性的姜油酚、姜油酮等，有芳香辛辣味。姜性温、味辛，有解表散寒、解毒等功效。所以在制作某些寒性食物，如烹制水产原料时必用姜，在制作某些野味时也必须加姜，可起到解毒的作用。姜还有健胃的作用。腐烂的姜会产生一种毒性很强的物质——姜樟素，能使肝细胞变性，诱发肝癌和食道癌，民间流传的"烂姜不烂味"及"烂姜照样用"的说法是不科学的。烂姜千万不要用。

刀工运用：

姜的初加工是去皮和清洗。

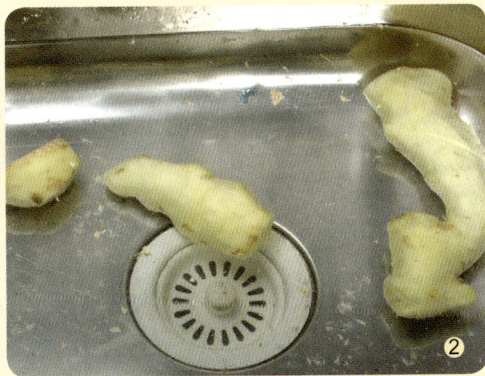

姜在烹调中以做调味料为主，刀工成形有丝、片、姜花、米、块、条等。

大姜片： 多做大料用，如煲汤料头。

姜条： 比姜丝要粗，主要用于炒菜的料头，如"姜葱蟹"。

姜米： 用途广泛，做炒料、馅料的料头均可。

姜块： 多用于焖、扣的菜式，如"焖羊腩"、"蒜子扣火腩"等。

姜片： 姜片有大指片和指甲片之分，大指片用于做大料，指甲片用于做小料，切法见下图①～⑦。

姜丝： 运用比较广泛，炒、煮、烩等都适用。切法见下图①～③。

姜花： 姜花的用途同姜片相似，但比姜片显得更有档次，切法见下图。

用姜小常识

1）姜块（片）入菜去腥解膻

生姜加工成块或片，多数是用在火工菜中，如用在炖、焖、煨、烧、煮、扒等烹调方法中，具有去除水产品、禽畜类的腥膻气味的作用。火工菜中用老姜，主要是取其味，菜熟后要弃去姜。所以姜需加工成块或片，且要用刀面拍松，使其裂开，便于姜味外溢，沁入菜中。例如，"清炖鸡"，配以鸡蛋称"清炖子母鸡"，加入水发海参即为"珊瑚炖鸡"，以银耳球点缀叫做"风吹牡丹"，佐以猪肠叫"游龙戏凤"，添上用鱼虾酿制的小鸡即为"百鸟朝凤"等，在制作中都不可不以姜片调味，否则就不会有鸡肉酥烂香鲜、配料细嫩、汤清味醇的特点。

2）姜米入菜起香增鲜

姜在古代亦称"疆"，有"疆御百邪"之说。姜性温，散寒邪，利用姜的这一特有功能，人们在食用凉性菜肴时往往佐以姜米醋同食，醋有去腥暖胃的功效，再配以姜米，可以防止腹泻、杀菌消毒，也能促进消化。例如，"清蒸白鱼"、"芙蓉鲫鱼"、"清蒸蟹"、"醉虾"、"炝笋"等，都需浇上醋，加入姜米，有些还需撒上黑胡椒粉，摆上香菜叶。

姜米在菜肴中可与原料同煮同食，如"清炖狮子头"，猪肉先细切再用刀背砸后，需加入姜米和其他调料，制成狮子头，然后再清炖。但更多的是经将姜米入油锅煸炒后与主料同烹，使姜的辣香味与主料的鲜味融为一体，十分诱人，如"炒蟹粉"、"咕噜肉"等。姜米多用于炸、熘、爆、炒、烹、煎等方法的菜中，用以起香增鲜。

3）姜汁入菜色味双佳

水产、家禽的内脏和蛋类原料的腥、膻等异味较浓，烹制时生姜是不可少的调料。有些菜肴可用姜丝作配料同烹，而火工菜肴（行话称大菜）要用姜块（片）去腥解膻，一般炒菜、小菜用姜米起鲜。但还有一部分菜肴不便与姜同烹，又要去腥增香，用姜汁是比较适宜的，如制作鱼丸、虾丸及各种肉丸时就是用姜汁去腥膻味的。

将姜块拍松，用清水泡一定时间（一般还需要加入葱和适量的料酒同泡），就成所需的姜汁了。

生姜在烹调中用途很大，很有讲究，但不是任何菜都要用姜来调味，如单一的蔬菜本身含有自然芳香味，再用姜调味，势必会喧宾夺主，影响本味。

9.百合

百合的食用方法很多，可做菜入饭，可炒、煎、烧、蒸、煮，可制甜羹，亦可煮粥，如"百合粥"、"桂花糖百合"、"百合莲子羹"、"百合炒肉片"、"百合绿豆莲子汤"等。百合象征团圆、团结、和睦、幸福、纯洁、顺利、财运发达。人们常将百合看做团结友好、和睦合作的象征。民间每逢喜庆节日，有互赠百合的习俗，或将百合做成糕点之类的食品款待客人。广东人更喜欢用百合、莲子同煲糖水，以润肺补气。选购百合时，以个头大、色洁白者为佳，腐烂变黑者不宜食用。

百合是著名的保健食品和常用中药。小者如蒜，大者如碗，因其鳞茎瓣片紧抱，数十片相摞，状如白莲花，故名"百合"。百合为多年生草本，鳞茎球形，其暴露部分带紫色，茎常带褐紫色斑点，叶披针形至椭圆状披针形，花白色微黄，花期5~7月，果期8~10月，属百合科植物。在我国百合主产于湖南湘潭、浙江吴兴及江苏南京等地，以南京四郊产的百合为上品。百合现已成为集高档的食用、药用、观赏于一身的高收入经济作物。

百合主要含生物素、秋水碱等多种生物碱和营养物质，有良好的营养滋补之功效，特别是对病后体弱、神经衰弱等症大有裨益。支气管不好的人食用百合，有助于病情的改善，因百合可以润燥，常食有润肺、清心、调中之功效，可止咳、止血、开胃、安神。食疗上建议选择新鲜百合为佳。百合为药食兼优的滋补佳品，四季皆可用，但更宜于秋季食用。

刀工运用：

百合在初加工时，要去除老皮和百合心，其加工步骤如下图所示。

①切去两头。

②用刀轻拍百合球，使之松散。

③除去百合老皮和百合心。

④清洗干净，浸泡保存。

菜品示例：西芹百合

原料： 西芹、百合、胡萝卜片各适量

配料： 食用油、盐、味精各适量

步骤：

①将百合一瓣一瓣剥下、洗净，除去老皮；西芹洗净，切片；胡萝卜切成片状；

②把西芹、百合、胡萝卜片投入沸水中汆至断生（水汆可以使西芹颜色鲜艳、口感爽脆）；

③炒锅加油烧至七成热，投入胡萝卜、西芹、百合片，略炒；

④加盐、味精调味即可。

10.芦笋

芦笋纤维柔软、细嫩，具有特殊的清香。鲜芦笋以鲜嫩整条、尖端紧实、无空心、不开裂、清洁卫生者为佳。适合炝、扒、烩等烹调方法。做主料时可以用于制作"白扒芦笋"、"炝芦笋"、"鲜蘑龙须"、"麻辣芦笋"、"鸡茸芦笋"等菜，亦可做辅料。

芦笋学名石刁柏，又称龙须菜等。原产于欧洲，现世界各地均有栽培，其中以美国和我国台湾省栽培最多，近年来我国内地栽培量也逐渐增多。芦笋的根上有鳞芽，在春季地下茎上会抽生嫩茎，长12~16厘米，粗1.2~3.8厘米，白色，经软化后可供食用。芦笋在未出土前采收的幼茎色白，称为白芦笋，适宜加工成罐头；出土后见阳光变成绿色，称为绿芦笋，适宜鲜食。

芦笋含有丰富的维生素、叶酸、核酸、天冬氨酸、胱胺酸、硒等营养物质。近年来，现代医学研究证实芦笋对心血管、癌症等疾病有一定的防治作用，其营养价值越来越被人们重视。

刀工运用：

芦笋在烹调中刀工成形较少，一般是整条或切段使用。芦笋在烹调应用前，要先切去老根部分，刨去老皮。

①刨老皮

②清洗

③截切

④芦笋粗茎部分可将其剖开

丁：用于炒。

段：多用于炒。

片：多用于炒、拌。

条：多用于扒和上汤煮。

菜品示例：鲜鲍芦笋

原料： 芦笋500克，鲜鲍鱼150克

调料： 蚝油30克，盐3克，料酒10毫升，黑胡椒粉2克，水淀粉10克，猪油30克，鸡油5毫升，味精2克，鸡汤适量。

步骤

①芦笋切成6厘米长的段，放入汤盆内，上笼蒸熟取出，排放在盘中；

②鲜鲍鱼打上花刀，放入温油锅内氽熟取出，在热锅中放入鲜鲍鱼、蚝油、猪油、料酒、鸡汤、盐、味精及黑胡椒粉，待烧开后用水淀粉勾薄芡，加入鸡油推匀，排放在芦笋上面。

第六章

水产刀工的应用

一、水产品的初步加工

水产品种类繁多，形状质地各异，因此，其初加工的方法也不尽相同，综合起来，主要采有刮鳞、去鳃、去内脏、褪砂、剥皮、宰杀、泡烫、摘洗等。

1.刮鳞

需刮鳞的鱼很多，处理的大体过程是：刮鳞、去鳃、除内脏、洗涤。刮鳞要倒刮。有些鱼背鳍和尾鳍非常尖硬，应先去掉；有的鱼（如鲫鱼、鳓鱼）的鳞含有丰富的脂肪，味道鲜美，则不应刮掉。

2.去鳃

去鳃时可用剪刀剪或用手挖。黄花鱼、大王鱼的鳃则要用筷子挑出；鲤鱼和鲫鱼的鳃要用刀挖出；鲨鱼的鳃很坚硬，须用剪刀剪。

3.去内脏

多数采用剖腹的方法去内脏。有时，为保持体形完美，可将内脏从鱼嘴中取出。取淡水鱼内脏时不要弄破胆，防止鱼味变苦。去除内脏后要用清水冲洗污秽和血水，以保持鱼肉鲜美。

4.褪砂

有些鱼类，主要是鲨鱼，需要褪砂，处理过程是：开水烫、褪砂、去内脏、洗涤。

用开水烫时根据鱼肉质老嫩程度，分别用不同温度的热水浸烫。鱼肉质老水温可高些，鱼肉质嫩水温可低些，不要长时间烫，避免烫破鱼皮。褪砂是用刀刮去砂，注意不要将砂粒嵌入肉内。去内脏是用刀开膛，取出内脏。洗涤是用清水将血水冲洗干净即可。

5.剥皮

有些鱼的鱼皮很粗糙，颜色发黑，影响菜肴的质量，如比目鱼、塌板鱼等。其处理过程大体是：刮鳞、剥皮、去鳃、开膛、洗涤。先刮去不发黑的那一面的鳞片；然后在头部开一刀口，将皮剥掉；接着是剖腹取内脏，用清水冲净血水。

6.泡烫

主要用于鳝鱼的初加工。加工方法有两种，一是生处理，二是熟处理。熟处理的过程是：烫煮、剔肉、洗涤、改刀。将活鳝鱼放入锅内，加入清水、盐、醋；盖严锅盖将水烧开，待鱼张开嘴后倒入凉水冲洗；最后根据需要用刀剔下鱼肉，改刀备用。

7.宰杀

需要宰杀处理的水产品，常见的有甲鱼。其加工过程是：宰杀、烫皮、开壳、去内脏、洗涤。将活甲鱼腹部朝上，待头伸出时用刀剁去。将宰杀后的甲鱼放入热水中烫一会儿捞出，刮去外膜，沿裙边骨缝处用刀割开，将盖掀起，取出内脏，用清水洗净，然后根据需要改刀。

8.摘洗

一般软体水产品，大多采用摘洗的方法处理，如墨鱼、八爪鱼等。以墨鱼为例：先将其头部拉出，剥去外皮、背骨，用手将鱼身拉成两片，洗净即可。

二、水产品的加工原则

水产品在烹制之前一般需经过宰杀、刮鳞、去鳃、去内脏、洗涤、分档等过程。至于这些过程的具体操作，则需根据不同的品种和不同的用途而定。但在初步加工时，必须符合以下几项原则。

1.注意除尽污秽杂质

水产品往往有较多的黏液、沙粒、硬壳、血水等不能食用的污秽物，在初步加工中，必须除净，以确保菜肴的质量。

2.根据不同品质和不同用途，分别进行初加工

如鱼类，一般都须刮鳞，但新鲜的鲥鱼和鲫鱼等则不能刮鳞，因其鳞中含有丰富的脂肪，味道鲜美。鱼类的取脏法通常有两种：一种是剖开鱼腹取出内脏；另一种则是从鱼嘴外用筷子将内脏卷夹出来。一般整鱼上席的大多数应从鱼嘴取脏，以保外形的完整。而取肉段、块的，则采用开腹取脏。此外，鳝鱼可根据用途的不同选择生杀或煮杀。

3.注意合理加工，避免浪费

对一些体形较大的鱼，初加工时应分档取料，合理使用。如青鱼的头尾、肚、划水可以红烧，中段（鱼身）则可取肉后加工成片、条、丝等。在初加工水产品时要注意对原料的节约，特别是剔鱼肉时，鱼骨要尽量不带肉，一些下脚料也要充分利用，如鱼籽可以单独做菜，某些鱼的鳔可以制成干鱼肚，鱼花可用于清炸等。合理加工，避免浪费，是水产品初加工过程中不可忽视的一项原则。

三、水产类加工实例

1.草鱼

　　草鱼又名鲩鱼，为鲤科鱼类，是四大家鱼之一，因生活在河水的中层，以水草为食，故名草鱼。其分布于我国各大水系，长江、珠江水系是主要产区。一年四季均产，以九、十月产的最好。

　　草鱼体型与青鱼相似，呈亚圆筒形，嘴部稍圆，无须，眼小，体色茶黄，背部深绿，头背较平，鳞片粗而发黑，肉色白、细嫩、有弹性。草鱼一般体重1~2千克，体大者长达1米，重达10千克。

　　草鱼含蛋白质17.9%，脂肪4.3%，还含有钙、磷、铁和尼克酸等。草鱼性温、味甘，有暖胃和中，平肝祛风的功效。

刀工运用：

草鱼小的可整条用，大的可切块，亦可剔肉加工成片、条、丁、丝、蓉等，还可用花刀加工。

①刮去鱼鳞；

②修整尾鳍，斩去臀鳍、背鳍；

③用刀挖去鱼鳃；

④剖开腹部；

⑤清除内脏；

⑥刷去鱼膛中的黑膜、淤血；

⑦在鱼头与鱼体连接处及鱼尾处切开，抽出腥线；

⑧用清水将鱼膛及体表清洗干净，沥净水分。

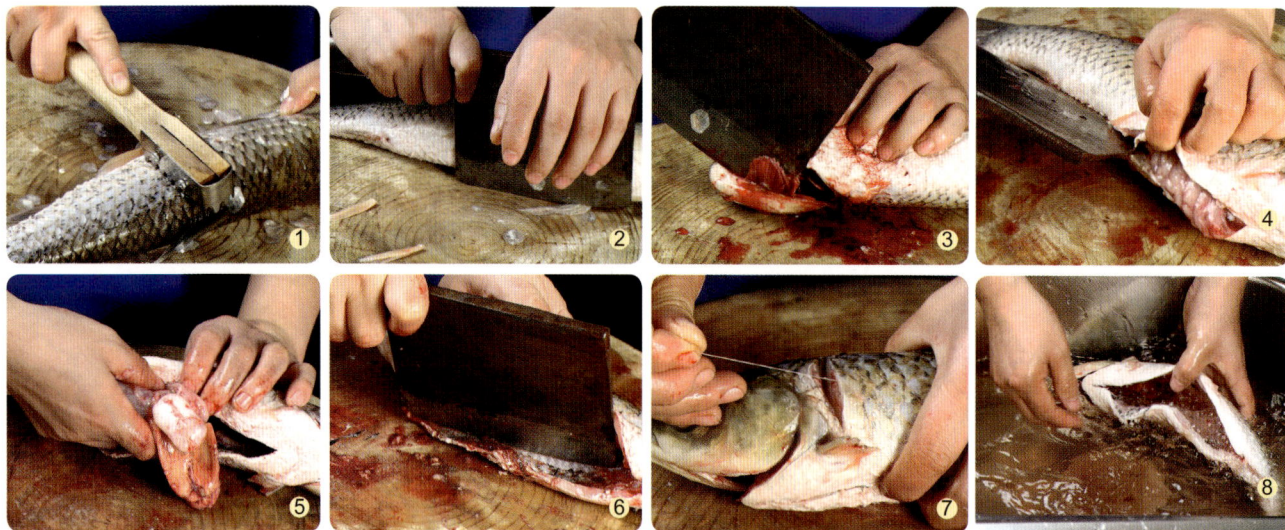

Tips 温馨提示

　　首先在鱼头连着鱼体的位置切一刀，然后用刀背把鱼身敲几下，稍微用一点点儿力。再在尾部也切一刀，然后从刚才的刀口处取出那条白色的鱼腥线，注意一定要用手边拍边抽取腥线，这样腥线才能被完整地抽出来，不要抽得太急或者用力太大，否则会把腥线拽断。把鱼翻到另一面，用同样的方法取出鱼腥线。

菜品示例：茄汁龙鱼

原料： 草鱼700克

调料： 胡萝卜、盐、味精、料酒、淀粉、葱姜汁、番茄酱、绵糖、白醋、食用油、香油各适量

步骤：

①以直刀刀法在鱼肉上剞平行的刀绞，深度为鱼肉厚度的4/5；

②将鱼肉转90度，继续剞刀绞；

③花刀完成。

（1）取下草鱼两面的鱼肉，剞上花刀，用葱姜汁、料酒、盐、味精腌渍，拍上淀粉，卷成龙身，入油锅炸至金黄色捞起装盘，装上用胡萝卜刻成的龙头、龙尾，拼成龙形；

（2）炒锅置火上，加入番茄酱、绵糖、白醋、盐、味精，用水淀粉勾芡，煮成茄汁浇在龙身上即可。

特点： 酥脆酸香。

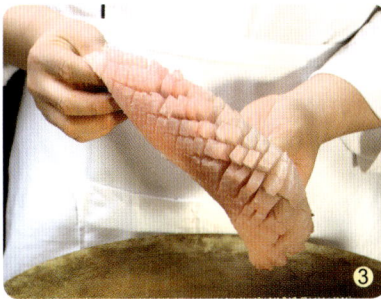

2.鲤鱼

鲤鱼体长，侧稍扁，腹部较圆，头后背部稍有隆起，鳞大而圆、较紧实。口下位有吻须及颌须各一对，颌须长为吻须的两倍。背鳍和臀鳍均较硬，尾鳍叉形，体背灰黑或黄褐色，体侧黄色，腹部灰白色。但其体色常随栖息水域的颜色不同而不同。

鲤鱼味甘、性平，有利水消肿、下气通乳、开胃健脾、清热解毒、止咳平喘等功效。鲤鱼营养丰富，其蛋白质含量随季节变化而有所不同，夏季含量最丰富，故有"春鳜夏鲤"之说；到了冬季，其体内蛋白质和部分氨基酸的含量均有所降低。有肝昏迷倾向者及尿毒症患者应忌食鲤鱼。

刀工运用：

鲤鱼往往整条使用，也可切成块、条、片等，可以不刮鳞。

①将去鳞的鲤鱼洗净，用剪刀破开肚；

②剪去鱼鳃；

③掏出内脏；

④在肚里塞入毛巾，使鱼腹鼓起；

⑤在鱼身中部处下刀，以平刀片刀法向鱼头部推进；

⑥如图所示运刀直至鱼头部（根部不断）；

⑦接着继续片第二片鱼肉；

⑧依此法将两边的鱼肉片完；

⑨用剪刀将鱼肉剪成丝；

⑩取出毛巾，同时将鱼肉丝抖散；

⑪将鱼肉丝挂上蛋液，拍上淀粉；

⑫小心地将鱼下油锅。

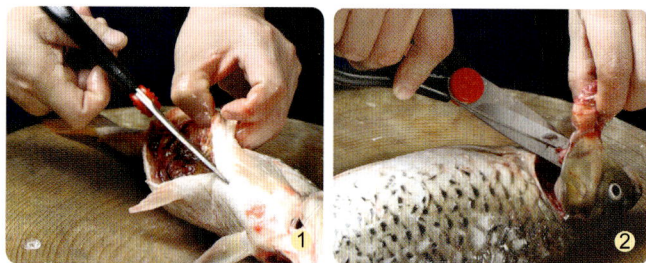

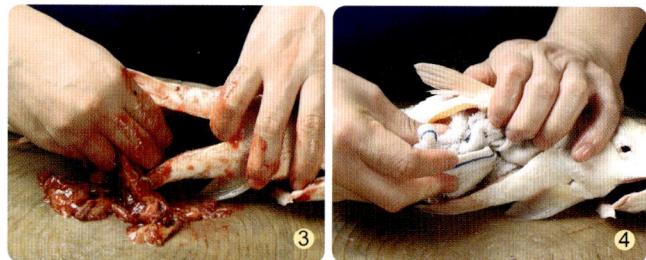

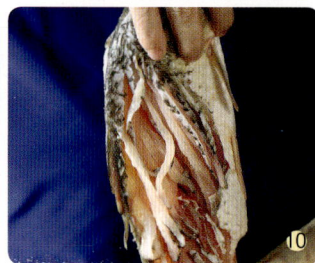

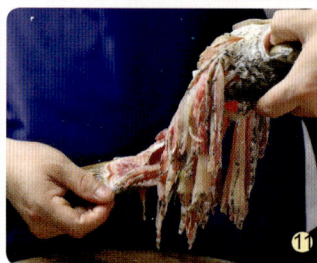

菜品示例：金毛狮子鱼

金毛狮子鱼，制法始于民国初期，因成菜色泽金黄，形似狮子而得名。

原料： 鲤鱼700克

调料： 盐、味精、料酒、淀粉、葱姜汁、番茄酱、糖、白醋、食用油、香油各适量

步骤：

①将鲤鱼洗净，从下嘴唇劈开，掰开鳃盖，将鱼身两面上下交叉劈成薄刀片，每片根端均与鱼身相连，再用剪刀剪成细丝；然后将鱼丝挂上蛋液，拍上淀粉；

②锅内加油烧热，用双手提起鱼放入油锅，要边炸边抖动，使细丝散开，呈金黄色时捞出，然后调汁浇于鱼上，就成就了这道色泽金黄、鱼丝蓬松形似雄狮髭毛、酸甜可口的金毛狮子鱼。

特点： 酸甜可口，鲜嫩香醇，色泽金黄，外焦里嫩。

3.鲫鱼

鲫鱼又叫鲋鱼、鲫瓜子，为鲤科鱼类，肉质随季节变化而有所不同，以2～4月、8～12月最肥。

鲫鱼体宽扁，形长圆，嘴稍尖，无须，体色墨灰，腹部微黄，背部突起呈弓形，背鳍和臀鳍具有硬刺。鲫鱼含蛋白质13%～19.5%，脂肪1.1%～3.4%，并含有磷、钙及其他无机盐和维生素。鲫鱼性味甘，有健脾利湿、清热解毒、通络下乳的功效。其鱼肉含有很多水溶性蛋白质和蛋白酶，鱼油中含有大量维生素A，这些物质均可改善心血管功能，降低血液黏稠度，促进血液循环。

刀工运用：

鲫鱼可整条应用，亦可切块，剔肉加工成片、条、丁、丝、蓉等，还可用花刀加工。

①左手按住鲫鱼的尾部用刀将其拍昏；

②右手握刷从尾部向头部刮去鱼鳞；

③再用手指挖出鱼鳃；

④用刀或剪刀从肛门至胸鳍将腹部剖开；

⑤挖出内脏；

⑥用水边冲边洗，用刀将腹内黑衣剥去，洗净即可。

鲫鱼靠鳃部有一块铁鳞，腥气较大，应去掉；另外，鲫鱼不宜与麦冬、沙参同用，不宜与芥菜同食。

菜品示例：奶汤鲫鱼

原料： 鱼丸30克，鲫鱼150克，生姜和蒜苗各10克

调料： 食用油20毫升，盐5克，味精6克，料酒10毫升，香油2毫升，糖2克，黑胡椒粉、清汤各适量

步骤：

(1)将鲫鱼清洗干净，生姜去皮切丝，蒜苗切段；

(2)油热后放入鲫鱼，用小火煎至两面金黄，加入姜丝，注入料酒、清汤，用中火煮；

(3)待煮至汤色变白，放入鱼丸、蒜苗，调入盐、味精、糖、黑胡椒粉煮透，淋上香油，上碟即可。

特点： 酸甜可口，鲜嫩香醇。

4.三文鱼

三文鱼也叫大马哈鱼，学名鲑鱼，是世界名贵鱼类之一，是高档水产消费品，由它制成的鱼肝油更是营养佳品。"三文"是英文salmon的音译，三文鱼是一种生长在加拿大、挪威、日本和美国等高纬度地区水域的冷水鱼类，挪威三文鱼主要为大西洋鲑，芬兰三文鱼主要是养殖的大规格红肉虹鳟，美国的三文鱼主要是阿拉斯加鲑鱼。

三文鱼体型较大，喜栖冷水中，目前已经成为世界水产品中贸易量最大的一个群体。野生捕捞的鲑鱼资源有限，远远不能满足世界市场的需求，由此在世界范围内形成鲑鱼的养殖热潮，我国早期进口的三文鱼多来自北欧，主要是挪威，因此有人习惯称其为挪威三文鱼。近年中国内地正在进行银鲑、王鲑和大西洋鲑及虹鳟海水养殖的规模化生产。预计，我国自行养殖的鲜度高、价廉物美的三文鱼不久将会占领中国内地的主要消费市场。

三文鱼鳞小刺少，肉色橘红，肉质细嫩鲜美，是深受人们喜爱的鱼类。选购三文鱼时，以色泽鲜亮有光泽、鱼肉网纹整齐、肉质轻按下有弹性者为佳。

三文鱼中含有丰富的不饱和脂肪酸，能有效降低血脂和血胆固醇，防治心血管疾病。其所含的脂肪酸更是脑部、视网膜及神经系统必不可少的物质，有增强脑功能、防治老年痴呆和预防视力减退的功效。在三文鱼所制成的鱼肝油中该物质的含量更高。三文鱼能有效地预防诸如糖尿病等慢性疾病的发生及发展，具有很高的营养价值，享有"水中珍品"的美誉。

选购回的三文鱼要保持干净、冷藏和小心搬运。新鲜的三文鱼应在0℃左右的温度下冷藏。新鲜的三文鱼最多可以冷藏两天。当你准备食用三文鱼时，最好当天购买。冷藏时将三文鱼轻轻地在冰水中简单冲洗，轻轻拍干，然后用塑料袋紧包；如果购买的是冷冻品，需在零下18℃的恒温中保存。对于已部分化冻的三文鱼不要再次冷冻。

三文鱼的正确拿法：双手平托，保证肉质结实。

错误拿法：手提鱼尾搬运，容易使鱼肉松散。

刀工运用：

三文鱼在食用前，都要先做分档处理。

①刮去鱼鳞，切去背鳍、腹鳍和胸鳍；

②沿鳃盖进刀，用力按压，一口气切去鱼头；

③剖腹，沿中骨由腹侧剖开；

④由去头的刀口进刀，剖开背侧，切成两片；

⑤带中骨的下半片肉，将中骨朝下放置，在背侧和腹侧用刀切入，由尾根部进刀，沿中骨而上，一口气切下鱼肉，切成三片；

⑥用镊子夹去肌间刺；

⑦用平刀去皮取鱼肉；

⑧将三文鱼肉分切成大块；

⑨如图所示用保鲜膜包好，放入保鲜柜；

⑩用时取出切片即可。

三文鱼各部位鱼肉的烹饪方法：

①鱼柳中段、腹部、背部：适合做刺身；

②鱼柳尾部：因为鱼行进靠尾巴，所以这部分肉很结实，适合炒或做汤；

③鱼柳前段：饱合脂肪酸含量高，适合煎、烤、炸；

④鱼头：适合做汤、蒸、煲；

⑤鱼骨、鱼皮：适合做炸菜，而鱼骨则适合做炸熘菜。

菜品示例：三文鱼刺身

原料： 鲜三文鱼柳250克，白萝卜和黄瓜各适量，柠檬篮

调料： 绿芥末酱、日本万字酱油(或美极酱油)各适量

步骤：

①将白萝卜切成细丝摆入盘中一侧、黄瓜切成1厘米厚的块备用；

②三文鱼柳切成4件厚片，放在冰块上，放入盘中；

③再切一些鱼柳薄片，摆成花形；

④黄瓜放入盘中，把绿芥末酱做成锥形，放在柠檬篮内；

⑤吃时配一碟酱油，放入适量绿芥末，蘸食。

特点： 色彩鲜艳、开窍通气、鲜嫩爽口。

制作刺身要注意的事项：

①保持绝对的个人和环境卫生；

②切的片以每500克切10片为标准；

③鱼要保鲜不能冷冻；

④柠檬很重要，可以调节口味；

⑤尽量用水果和蔬菜来搭配刺身的制作，这样色彩和口感都很到位；

⑥制作三文鱼刺身，新鲜是保证品质的关键，所以分解后的三文鱼，不宜长久存放。

5.马面鱼

马面鱼又名羊鱼、沙猛、剥皮牛、剥皮鱼、孜孜鱼，分布于太平洋西部。我国南海产量较多，主要渔场在北部湾和海南岛以东的陆架区。渔期从12月中旬至翌年4月份，其中海南岛东南部海区为12月中旬至翌年3月份，珠江口近海为3～4月份。

马面鱼，体长椭圆形，侧扁，一般体长19～21厘米，重500克左右；背鳍两个，分离。第一背鳍的第一鳍棘很粗大，为头长的1.3～1.6倍。第二背鳍鳍棘很短小，藏于背部凹沟内。臀鳍与第二背鳍近似。胸鳍侧立，小刀状。左右腹鳍退化，只剩下一个短棘不能活动。尾柄细，尾鳍后缘截形。除吻的前缘外，头、体全部被小鳞覆盖，并有细短绒状小刺，小刺大都排成横纹状。

马面鱼肉质比较紧实、纤维较长，口感比较鲜。因为这种鱼大多"上水即死"，不太好养，所以市面上很少能买到新鲜的。马面鱼形状丑陋，但却浑身是宝。经过"三去"（去头、去皮、去内脏）的马面鱼可食部分，占全身重量的46.5%～46.8%，可制作多种佳肴，如"滑炒马面鱼"、"松鼠马面鱼"、"马面鱼丸"等，煎封或是用普宁豆酱煮是常见的做法，用来制作刺身也十分美味。

据测定，马面鱼的蛋白质含量为16.1%～17.7%，与大黄鱼相近。马面鱼可治疗胃病、乳腺炎、消化道出血等症。

菜品示例：干煎马面鱼

原料：马面鱼500克，柠檬汁适量

配料：盐750克，食用油200毫升，料酒20毫升，生姜片50克，小葱50克

步骤：

①把马面鱼宰杀干净，切去头部眼睛以上的部分并剥皮洗净；

②用盐腌味，要把马面鱼用盐整个盖起来；

③约5小时后取出洗净，加料酒、生姜片、小葱装盘进蒸箱蒸约10分钟至熟透后取出；

④晾凉后放入平底锅内煎至两面金黄色时起锅，配上柠檬汁上桌即可。

特点：外酥里嫩，香味浓厚。

Tips 温馨提示

煎马面鱼时要掌握好油温，以防粘锅烧焦。

刀法运用：

马面鱼可原条蒸、煎，也可斩件烧、焖。

①斩去马面鱼的背鳍和胸鳍；

②用刀将马面鱼顺着背鳍切一个刀口；

③从刀口处扯住鱼皮将其剥离；

④弃去鱼皮不要；

⑤用刀顺着嘴下方破一刀；

⑥将鱼鳃挖出；

⑦从鳃下进刀将腹部剖开；

⑧去掉内脏后洗净；

⑨剞上花刀。

6. 龙虾

　　龙虾是名贵的海产品，种类繁多，我国主产地为东南沿海，其他沿海国家也有出产。中国龙虾的品种主要有青龙虾（青龙）、锦绣龙虾（锦龙）、珍珠龙虾（珠龙）、海南岛龙虾（函龙）、黑白纹龙虾（杉龙）。国外龙虾有两种：一是有大螯足的那种，属于海螯虾科；另一种如同中国龙虾一样，属于龙虾科。前者以波士顿产为代表，后者又按产地不同，分为新西兰龙虾、澳洲龙虾、美洲龙虾等。中国龙虾色暗褐带紫，外形美观，其中锦绣龙虾色泽绮丽。

　　龙虾属爬行虾类，体粗壮，圆形而略扁平，长约30厘米。龙虾分头胸甲和腹部两大部分，头胸甲呈圆筒形，披有无数大小不等的空心硬棘，两眼向前突出，有两对触角。龙虾体重一般在500克左右，大的有3 000~5 000克重。龙虾具有变色特点，其体色能随着环境的不同而变化，鲜活时色泽绚丽。

　　龙虾体大肉多，滋味相当鲜美，是名贵的海产品。其适用炒、炸、烹、炸熘等多种烹调方法，可制成"生菜龙虾"、"上汤龙虾"、"龙虾刺身"等菜肴。

刀工运用：

①用一根竹签或筷子从虾尾肛门处插入腹腔中清除肉质中浅色的蓝色血液，然后用刀将虾身分离；

②切去硬须；

③劈开颅腔，取出虾脑留用；

④斩成若干块；

⑤用刀斩去虾身的腹足；

⑥如图⑥所示，将虾身从中间斩成两半；

⑦用砍刀将虾身砍成大小适合烹调所需的件。

刺身起肉的操作方法：

①手拿抹布捏住龙虾头部；

②取一根竹筷或钢针，从龙虾肛门准确插入，放尽尿水、血液；

③将龙虾头部和身体用两手转动使其分离；

④用刀斩去腹部两侧的副脚；

⑤刀口沿着龙虾腹部两侧边缘切开；

⑥将龙虾背部朝下放在菜墩上，一手拉腹部的外壳，一手按住肌肉组织，以防肌肉组织不完整，小心地将龙虾肉脱离龙虾壳；

⑦去掉腹部外壳的龙虾筋；

⑧片去附在龙虾肉上的筋膜；

⑨将龙虾肉用清水洗净，洗时不可长时间泡浸在水中；

⑩用干毛巾将龙虾肉的水分吸干；

⑪取出一块背脊肉；

⑫用刀将两块腹部肌肉群分切成若干块；

⑬将分切的肌肉再片成薄片，贴在食用冰上即可。

龙虾刺身

菜品示例：珍珠龙虾丸

原料： 鲜活龙虾、湖蟹、油菜心各适量

调料： 姜、葱、料酒、盐、味精、黑胡椒粉、高汤、淀粉、鸡蛋清各适量

步骤：

①将湖蟹上笼蒸熟后，剔出蟹肉并拌上味，制成馅料待用；

②将龙虾取出虾肉，将其头尾蒸熟，摆入盘中；

③将龙虾肉漂净血水，剁成虾泥，用姜、葱、料酒、盐、味精、黑胡椒粉、鸡蛋清拌均匀，然后搅打上劲；

④取炒锅一只，盛满水，煮沸；将蟹肉藏于虾肉中，投入沸水中煮至熟；

⑤再过油烹调，烹入上汤及调料，勾芡后装入盘中，加灼熟的油菜心、龙虾头、尾摆成龙虾状即可。

特点： 虾丸洁白细嫩，内有蟹肉，风味独特，鲜美无比。

7.象拔蚌

象拔蚌又称象鼻蚌，原产自北美洲，是一种深水蚌，它生活于海底沙滩中，捕捉时，先用压缩机把海底沙粒吹开，再捉取。每只重1 000～2 000克，因其外形不像一般河蚌而是伸出长长的嘴巴，如象鼻，故得名象拔蚌。它是世界上存活最久的动物之一，许多个体可以存活至100年以上。

目前常用的象拔蚌分为以下几种。

北海道象拔蚌：体长约10厘米，肉呈白色，口感幼嫩，最适合做刺身。北海道象拔蚌的肉非常白，不似其他的带有微黄色，不需烹调就可以用来做刺身，口感一点也不韧。

汕头迷你象拔蚌：迷你象拔蚌体长3～4厘米，生长于汕头沿海海域，肉呈微黄并带有粉红斑点，口感爽脆。由于不是生长在浅海，不宜生食，但煮时只要时间控制得好，口感一流。

加拿大象拔蚌：多为人工饲养，体长15～20厘米，肉呈微黄色，一般比较厚实，灼太久会变得太韧，不宜生食。

象拔蚌肉质鲜嫩爽脆，生吃一定要用鲜货。其外观有白红色、白黄色、浅黑色等几种，味道、口感并无不同。颜色不同是因为产地、环境不同，有些人见到象拔蚌肉色微黑，便以为质量欠佳，其实是不对的。

一般多用来做刺身，也可用于白灼、油泡等食法，都须断生即吃，否则老韧难嚼。象拔蚌已成为日本寿司和生鱼片的主料。多数中国海鲜餐馆现在也向顾客供应象拔蚌生食或熟食。将象拔蚌颈肉和体肉切成纸一样的薄片，配芥末酱，用酱油浸泡后食用；也可在一侧放上沸腾的清汤"火锅"，方便那些喜欢烫着吃的顾客。象拔蚌片同时也是一种可口的滚粥材料。

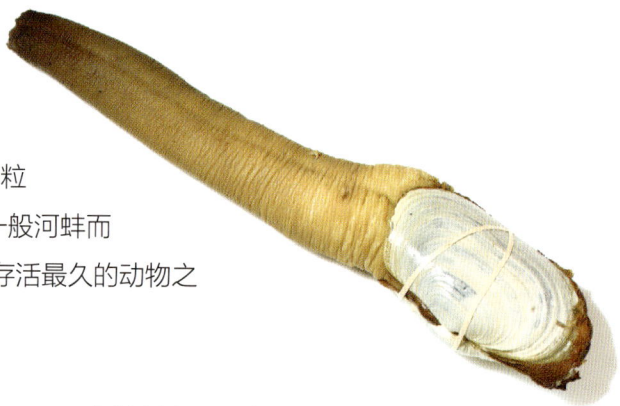

刀工运用：

①取鲜活象拔蚌，放入沸水锅中烫一下，用沸水烫的时间不能太长，至能剥去外衣即可，否则肉质变硬；

②取出去掉外壳；

③剥去蚌身的外衣；

④去掉胃；

⑤去掉内脏；

⑥用刀放在象拔蚌虹管底部壳和身体之间，沿着壳的边切开，再用清水洗净中间杂物。

刺身的做法：

①将"虹管"拉开；　②洗净；

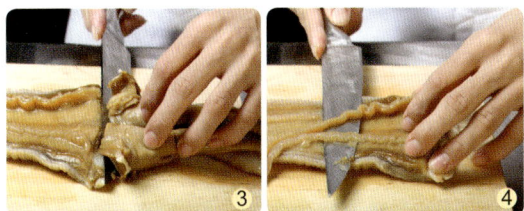

③片去胆肉部分（可做另用）；　④修整、片去边料；

⑤将"虹管"切成薄片；　⑥轻轻拍成瓦楞形；

⑦依次码在器皿上。

菜品示例：象拔蚌刺身

原料： 象拔蚌1只（重约1 000克），柠檬、萝卜丝各适量

调料： 绿芥末、生抽各适量

步骤：

①象拔蚌去壳，放入开水中略烫，去除表皮，用刀片成两片，去除污渍，放入过滤水中；

②取刺身专用器皿，垫冰，做好装饰；

③将过滤水中片好的象拔蚌取出，片成薄片，依次码在器皿上，食用时蘸以与绿芥末、生抽。

特点： 鲜嫩，有弹性。

菜品示例：西芹爆蚌胆肉

原料： 蚌胆1副（做象拔蚌刺身后留下的部分），西芹200克，姜片、蒜蓉各适量

调料： XO酱、盐、味精等各适量

步骤

①将蚌胆洗净切成片；

②将西芹去皮切段；

③将蚌胆片与西芹段一同放入锅中，以大火爆炒的方法，下XO酱、味精、盐炒熟即可。